高素质农民教育培训丛书

优质西瓜
生产技术

河南省农业广播电视学校
河南省农民科技教育培训中心 组编

中国农业出版社
北 京

图书在版编目（CIP）数据

优质西瓜生产技术/河南省农业广播电视学校，河南省农民科技教育培训中心组编 . —北京：中国农业出版社，2021.6
（高素质农民教育培训丛书）
ISBN 978-7-109-28383-1

Ⅰ.①优…　Ⅱ.①河…②河…　Ⅲ.①西瓜－瓜果园艺－技术培训－教材　Ⅳ.①S651

中国版本图书馆 CIP 数据核字（2021）第 115556 号

YOUZHI XIGUA SHENGCHAN JISHU

中国农业出版社出版
地址：北京市朝阳区麦子店街 18 号楼
邮编：100125
责任编辑：高　原　　文字编辑：刘　佳
版式设计：杜　然　　责任校对：刘丽香
印刷：北京通州皇家印刷厂
版次：2021 年 6 月第 1 版
印次：2021 年 6 月北京第 1 次印刷
发行：新华书店北京发行所
开本：720mm×960mm　1/16
印张：9
字数：155 千字
定价：28.00 元

编写人员名单

主　　编　李庆伟　陶　华
副主编　邵秀丽　徐玉红　李玲子
参　　编　李培胜　李晓非　付争艳
　　　　　张晓亚　吴　双　孙　骞

B 编写说明
IANXIESHUOMING

随着农业产业结构的调整，我国的西瓜产业发展迅速，2016年全国西瓜播种面积约190万公顷，已成为世界西瓜第一生产大国，西瓜产业在我国部分地区已成为农民致富的支柱产业。

为加快西瓜产业发展，普及西瓜生产知识，推广西瓜种植技术，提升农民生产经营水平，做好高素质农民培育工作，河南农业广播电视学校组织编写了本教材。

本教材定位服务培训，提高农民素质，强调针对性和实用性。围绕生产过程和生产环节进行，从产业发展、品种介绍、西瓜育苗、露地栽培、设施栽培、间作套种、异常诊断、病虫草害防治等，内容安排贴近生产实际适用于高素质农民培训以及农业技术推广参考学习。

本教材由河南省农业广播电视学校牵头，邀请河南农业职业学院、洛阳市植物保护检疫站等单位的教师、专家合作编写完成。为促进新技术新成果的推广应用，编写过程中参阅了相关专家教授的研究成果，在此表示衷心的感谢。

由于时间紧，编写水平有限，书中疏漏之处欢迎批评指正，以便我们在改版修订中完善。

河南省农业广播电视学校

2021年6月

M 目 录
ULU

编写说明

模块七　西瓜生产过程的异常诊断 …………………………… 78

学习目标

了解我国西瓜产业发展现状，了解河南省西瓜产业发展情况，了解西瓜产业发展趋势。

一、我国西瓜生产现状

我国的西瓜种植历史悠久，在全球产业发展中占有重要地位。近年来，随着农业产业供给侧结构改革的不断深入，加上西瓜产业的经济效益比较高，我国的西瓜产业得到了进一步发展，呈现出种植地区广泛、品种日益丰富、栽培模式多样、优势区域集中和市场体系优化的产业良性发展格局。与此同时，西瓜生产也存在区域发展不均、生产上市集中、经济效益下滑等问题。

1. 面积产量趋于稳定　我国是世界重要的西瓜种植和消费国，改革开放以来，我国的西瓜产业发展迅速，面积、产量均为世界第 1 位。2018 年我国的西瓜收获面积达 149.91 万公顷，总产量达 6 280.38 万吨，分别占全球的 46.25%、60.43%；西瓜每公顷产量为 41.90 吨，高于世界平均水平。

2. 优势区域逐步形成　随着产业化、专业化步伐的加快，西瓜产业正逐步向规模化、专业化、区域化的方向发展，形成了各具优势的特色产区。如湖北荆州、河南中牟、贵州黄平、陕西渭南、湖南岳阳及广西南宁和藤县的无籽西瓜基地；陕西大荔、山东昌乐、辽宁新民、江苏东台、河北新乐和廊坊的保护地早熟西瓜基地；海南三亚、万宁、陵水和文昌，广西北海和广东雷州的冬季西瓜基地。这些基地充分利用其独特的气候和地理位置优势，生产具有本地特色的西瓜产品，满足了日益多样的市场需求。从全国区域分布来看，西瓜生产主要以华东和华南两大地区为主，两区域生产了全国70%左右的西瓜。2018年西瓜产量前10的省份有河南、山东、江苏、湖南、广西、湖北、安徽、河北、新疆、浙江，占总产量的73.30%。华东6省（山东、安徽、浙江、江苏、江西、福建）产量占总产量的32.31%，中南6省（河南、湖南、广西、湖北、广东、海南）产量占总产量的39.06%。2015年农业部（现农业农村部）印发了《全国西瓜甜瓜产业发展规划（2015—2020年）》，划定了5大西瓜优势区域，即华南（冬春）、黄淮海（春夏）、长江流域（夏季）、西北（夏秋）、东北（夏秋）5大优势区域。

3. 栽培模式不断创新 由于西瓜的栽培效益好，各地的栽培模式逐渐呈现多样化。露地栽培与半保护地、保护地栽培多种生产形式并存。栽培方式上，黄淮海西瓜以春夏栽培为主，其中以大棚和中小棚为主的设施面积约占全国西瓜种植面积的40%；长江中下游以夏秋栽培为主，其中以大棚和中小棚为主的设施面积约占全国西瓜种植面积的30%；华南冬春季设施西瓜生产优势明显，面积仅为全国西瓜种植面积的10%左右，但效益居全国前列。技术模式不同形成多种栽培模式，如西北压砂瓜高效优质简约栽培模式、北方设施西瓜早熟高效优质简约化栽培模式、北方露地中晚熟西瓜高效优质简约化栽培模式、南方中小棚西瓜高效优质简约化栽培模式、南方露地中晚熟西瓜高效优质简约化栽培模式、华南反季节西瓜高效优质简约化栽培模式、城郊型观光采摘园西瓜栽培模式等。

4. 品种类型多样化发展 消费市场的多元化，促进了西瓜品种类型的多元化发展。市场需求由单一的大果型向现在的大果型、中果型和小果型并重的多元化方向发展。中小果型、含糖量高、瓤色好、质地硬脆和耐裂的西瓜新品种不断涌现，适宜保护地栽培的小型有籽西瓜新品种不断出现，大果型、无籽、露地栽培型品种比例有所下降。

5. 市场价格波动起伏 西瓜的价格随季节变化而变化，一般每年2—4月达到高峰，7—9月达到低点，价格的波动趋势和大宗蔬菜价格波动较为一致，其原因主要是我国的瓜菜生产由于气温影响存在冬春生产淡季，供求关系导致价格较高。与大宗蔬果相比较，近年来西瓜的价格一直比较平稳。

6. 进出口贸易平稳发展 近几年西瓜的进出口贸易较平稳，2019年全国西瓜出口4.7万吨，出口金额4 044万美元；进口27.78万吨，金额4 326万美元。广东省和云南省是主要出口省份，出口地区和国家大多集中在中国香港、中国澳门及越南、朝鲜等。北京市、山东省、云南省是西瓜的主要进口地区，进口国家主要集中在越南和缅甸。

二、 河南省西瓜优势产区

周口市太康县西瓜面积稳定在 30 万亩*左右，采用小麦—西瓜套种，黑皮无籽西瓜为一大特色，品种有农发 3 号、津蜜 20、黑蜜 5 号、珍蜜 1 号，有籽西瓜品种有春光 62、凯旋。

开封市通许县西瓜面积 23 万亩，是河南省无籽西瓜种植面积最大县。栽培方式有小麦—西瓜—棉花（辣椒）一年三熟种植模式，春马铃薯—无籽西瓜—秋花椰菜一年三熟种植模式，小麦—西瓜—棉花（辣椒）、玉米一年四熟种植模式，小麦—无籽西瓜—秋花椰菜一年三熟种植模式。品种类型主要有花蜜 3 号、花蜜 9 号、翠宝 5 号、台新 3 号、黑蜜 3 号、龙卷风、汴杂 9 号等。

周口市扶沟县西瓜面积 15 万亩，采用小麦—西瓜套种、花生—西瓜套种的栽培方式。无籽西瓜品种有农发 3 号、津蜜 20、黑蜜 5 号、珍蜜 1 号、翠宝，有籽西瓜品种为凯旋、美味华之秀 3 号、豫艺甜宝、新拳王。

郑州市中牟县西瓜面积 13 万亩，以大棚生产为主，上市早，品质好，糖度高，形成了有籽无籽相结合，保护地与露地相结合，早、中、晚熟相结合，长、中、短途运输相结合，花、青、黑、黄、绿色齐全的生产格局。并拉长了市场供应时间，每年 4—10 月均可供应市场。种植的无籽品种有特大黑蜜 5 号、花蜜无籽、蜜玫无籽、台湾无籽、波罗蜜；有籽品种有日本金丽、一品甘红、龙卷风、美都、美味华之秀、新欣、台湾甜王、新欣 2 号、超甜王、特大京欣、国豫 2 号、日本金蜜、星研 7 号、黄金宝、黑宝等；礼品瓜品种有超越梦想，超越 600、彩虹瓜之宝、锦霞八号。

开封市祥符区西瓜种植面积 10 万亩，栽培模式主要是地膜栽培，有 65% 采用嫁接育苗技术。其中，早熟品种是京欣系列及开杂 2 号、郑抗 2 号，花皮无籽主要是翠宝 5 号类型，黑皮无籽有黑蜜 5 号、黑帝，中晚熟品种为龙卷风、圣达尔。

安阳市汤阴县西瓜面积保持在 5 万亩左右，栽培模式主要有地膜覆盖、小拱棚双膜覆盖、大棚栽培，后茬主要是与棉花、辣椒、花生、玉米等作物间套种。品种类型主要有庆发、万青巨宝王、江天龙、绿农 12、红蜜龙、京欣等。

---

* 亩为非法定计量单位，1 亩≈667 米^2。——编者注

驻马店市确山县西瓜面积保持在 5 万亩左右,采用地膜覆盖和双膜(天地膜)覆盖栽培,品种以高抗 6 号、红蜜龙等耐储运大果型品种为主。

三、 西瓜产业发展方向

1. 简约化栽培 面对日益紧缺的劳动力资源和日渐上涨的人工成本这一问题,实施简约化栽培技术,以降低生产成本迫在眉睫。如生产中比较费工的枝蔓管理,甘肃静宁瓜农应用树枝固蔓措施;河南确山瓜农采用只引导主蔓伸长方向,不管侧蔓生长、不压蔓的措施,大大减少了瓜园的用工量。

2. 集约化育苗 瓜农老龄化现象严重,并且劳动力越来越紧缺,瓜农自己育苗并不比买苗便宜,而且种苗质量也没有保证。集约化育苗可节省能源与资源,提高种苗生产效率,保证秧苗质量。可在集中生产区,建设集约化育苗场,制定种苗标准,为瓜农提供优质健康种苗。

3. 病虫害综合防控技术 西瓜主产区经常有病虫害大面积发生的情况,应针对常发性病虫害,推广实施适合各个主产区特点的高效、安全防控技术体系,监控重要病虫害的发生危害情况与病虫害发生规律。制定种子生产技术规程,推进生物防治等非化学防治技术在害虫防控体系中的作用。

4. 冷链物流保鲜技术 针对西瓜耐贮藏性、耐运输能力差的特点,加强优势产区的西瓜精选分级、保鲜、包装的条件建设,提高商品西瓜预处理能力,稳定商品质量。推进"农超对接""农批对接"和订单生产及电子商务交易,降低流通成本。西瓜流通中,推广西瓜预冷和冷链流通保鲜技术、鲜切加工技术。

思考与训练

1. 调查当地西瓜的生产方式,试分析种植者的经济效益。
2. 结合当地特点,你认为西瓜生产的发展方向是什么?

模块二
西瓜品种介绍

学习目标

了解西瓜的熟性特点，认识生产上常见的西瓜品种，能根据实际情况选择合适的品种类型。

一、 西瓜的熟性与主要栽培类群

（一）西瓜的熟性

按西瓜生育期的长短，将西瓜品种一般分为早熟品种、中熟品种和晚熟品种。生产上，以坐瓜节位为基准，从雌花开放到果实成熟仅需在 24～32 天的为早熟品种；需 32～40 天的为中熟品种，其中需 35～40 天的又可称为中晚熟品种；需 40 天以上的为晚熟品种。

1. 早熟品种特点　早熟品种第一雌花出现较早，坐瓜节位低，瓜码较密，一般在主蔓上每隔 3～5 节着生一个雌花，易坐瓜，较耐低温弱光。生长势与分枝性较弱，一般抗病力较差。果实成熟早，早期产量高，单瓜重较小，总产量不高。

2. 中熟品种特点　中熟品种第一雌花出现稍晚，坐瓜节位较高，雌花密度较小。生长势较旺，分枝力强，果型较大，抗病性较强，产量高。

3. 晚熟品种特点　晚熟品种第一雌花出现晚，坐瓜节位高，雌花节位多。生长势旺，分枝力很强，根系发达，瓜蔓粗壮，叶片大，抗病性强，耐旱，果型大，果实发育期长，产量高，耐贮运。

由于各地区气候不同，栽培方式和栽培季节不同，应选择不同特点和不同熟性的品种与之相配套。只有这样，才能充分发挥不同栽培方式的优越性，并更好地适应不同的栽培季节。

(二) 栽培西瓜的主要类群

根据栽培西瓜地理起源不同分为华北生态型、东亚生态型、新疆生态型、俄罗斯生态型、美国生态型等 5 个生态型；根据用途不同分为鲜食西瓜、籽用西瓜和饲料西瓜。

我国目前栽培西瓜主要有普通鲜食西瓜、无籽西瓜、籽用西瓜等类群。在国外，除以上三类栽培西瓜外，还有饲料西瓜和药用西瓜栽培。每个栽培类群里有许多栽培品种，本书主要介绍普通鲜食西瓜与无籽西瓜类群的主要品种。

二、 常见的西瓜品种

(一) 普通鲜食西瓜品种

1. 早熟品种

(1) 早春红玉。日本米可多公司育成。早熟品种，果实发育期 28～32 天，早春开花结果后 35～38 天成熟，中后期结果的开花后 28～30 天成熟。植株生长势强，果实长椭圆形，长（纵径）20 厘米，单瓜重 1.5～1.8 千克。果皮深绿色上覆有细齿条花纹，果皮极薄，皮厚0.3 厘米，皮韧而不易裂果，较耐运输。瓤深红，纤维少，含糖量高，中心糖含量 13％左右，口感风味佳。在低温弱光下，雌花的着生与坐果较好，适于早春温室大棚促成栽培，见图 2-1。

图 2-1　早春红玉

(2) 玲珑王。西北农林科技大学园艺学院育成，2004 年通过陕西省品种鉴定。全生育期 85 天左右，果实生育期 26 天，分枝性强，叶片深绿，第 1 雌花出现在第 4 叶节处，以后每隔 3～4 节再现雌花，设施栽培以第 2 或第 3 雌花坐果较为适宜。该品种底色浅绿，黑绿细条纹均匀分布，果面少有杂斑，外形美观，果实短椭圆形，果型指数 1.28。瓤色艳红，剖面好，纤维素含量低。中心糖含量 13％～14％，边糖含量 11.5％，梯度小。皮坚韧，厚 0.5 厘米。该品种为设施专用品种，可连续坐果，单瓜重 2 千克左右，每亩产量 5 000 千克，见图 2-2。

（3）华晶 5 号。河南洛阳市农兴瓜果开发公司选育的杂交一代小型西瓜品种。果实发育期 26～28 天，第 1 雌花着生于第 4～5 节，以后每隔 4～5 个节位着生 1 朵雌花，易坐果，一般每株可坐果 2～3 个。果皮绿色，覆有墨绿色条带，皮厚 0.5 厘米。果实椭圆形，果形指数 1.3～1.4，瓜瓤鲜红，中心糖含量 13% 左右，中边糖含量梯度小，肉质爽

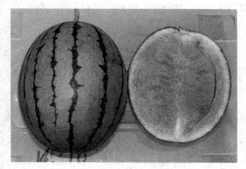

图 2-2　玲珑王

脆，种子黑褐色。单果重 1.8 千克左右，每亩产量 3 600 千克。较耐贮运，不易裂果。

（4）小天使。合肥丰乐种业瓜类研究所育成，2002 年通过全国农作物品种审定委员会审定。主蔓第 10 节左右出现第 1 雌花，雌花间隔 5～7 节，果实发育期 25 天。单瓜重 1.5 千克左右。果实椭圆形，鲜绿皮上覆墨绿细齿条，外形美观，皮厚 0.3 厘米。红瓤，质细，脆嫩，汁多味甜，中心糖含量 13% 左右，风味佳。植株长势稳健稍强，易坐果，较耐弱光、低温，适于特早熟棚室、早熟小拱棚等保护地栽培，也适于延秋栽培，见图 2-3。

图 2-3　小天使

（5）全美 2K。北京井田农业科技有限公司引进的高品质耐裂果小西瓜品种。果实发育期 26～28 天，坐果能力优。果实椭圆形，果皮翠绿覆墨绿条带，外观漂亮，一般单瓜重 2.0～2.5 千克，果皮薄但韧性好，耐裂果能力强。瓤红，甜爽多汁，中心糖含量为 13%～14%，风味品质佳。

（6）华晶 13。洛阳市农兴瓜果开发公司选育而成的杂交一代小型西瓜品种。从坐果到果实成熟 25 天左右，单瓜重平均 2 千克左右。果实圆形，绿色果皮上着生清晰的深绿色条带，外观极为美观。果肉鲜红，中心糖含量 13%～14%，品质特佳，极易坐果。适合于大棚、温室和露地栽培。

（7）锦霞 8 号。河南豫艺种业科技发展有限公司选育。椭圆形花皮彩瓤西瓜，果实发育期 26 天左右，单瓜重 2～3 千克，硬脆爽口，回味清香，中心糖含

量14％。皮薄而坚韧，不易空心，不易厚皮，很少发现倒瓤和裂瓜现象，见图2-4。

（8）爱国者。中国农业科学院郑州果树研究所育成。全生育期83天左右。单瓜重1.5千克左右。果实椭圆形，绿色皮上覆墨绿齿条带，皮厚0.2～0.3厘米。红瓤，中心糖含量11.5％～12.5％，边糖含量9.5％，肉质细嫩，汁多，口感特优。植株长势稳健，易坐果，较耐弱光和低温。适于日光温室、大棚、早熟小拱棚等保护地栽培。

图2-4　锦霞8号

（9）黄小玉。日本南都种苗株式会社育成，湖南省瓜类研究所引进。全生育期83天左右。植株生长势中等，分枝力强，耐病，抗逆性强，低温生长性良好。易坐果，单株坐果2～3个，果实高圆形，单瓜重2.0～2.5千克。浓黄瓤，瓤质脆，中心糖含量12％～13％，口感风味佳。果皮绿色覆有黑绿色条带，外观漂亮，果实圆整度好，皮薄0.3厘米，皮韧，富有弹性，较耐贮运。适于4—5月温室大棚早熟栽培，见图2-5。

图2-5　黄小玉

（10）玉玲珑。中国农业科学院郑州果树研究所育成。全生育期85天左右。果皮绿色覆有墨绿色条带，皮厚0.3厘米，果实高圆形，果形指数1.1，单瓜重1.5～2.0千克。瓤橙黄色，中心糖含量11.5％～12.0％，肉质爽脆。抗逆性较好，易坐果，一般每株可坐果2个。较耐贮运，适应性广，适于日光温室、大棚、小拱棚栽培，也可进行露地栽培，见图2-6。

（11）华晶3号。洛阳市农兴瓜果开发公司育成。果实发育期25～28天，全生育

图2-6　玉玲珑

期 100 天以内。第 1 雌花着生于第 4～7
节，以后每隔 4～5 节出现 1 朵雌花，极
晚坐果，一般每株可坐 2～3 个果，单果
重 2.0～2.5 千克。果实圆形，皮厚 0.5
厘米左右，红瓤，中心糖含量 12.0％～
12.8％，中边糖含量梯度小。种子褐色，
千粒重 40 克左右，叶脉、叶柄及子房全
为黄色。较抗蚜虫和病毒病，耐水肥，
生长势中等，见图 2-7。

（12）黑美人。台湾农友种苗公司育
成。果皮墨绿覆有暗条带，皮薄而韧，
极耐运输。果实长椭圆形，单瓜重 2.5
千克左右。极早熟，生长势强。深红瓤，
质细多汁，中心糖含量 12％左右，见图
2-8。

（13）早红玉。从日本引进的一代杂
交种。全生育期 80 天左右，果实发育期
25 天左右。果实短椭圆形，果皮深绿
色，上覆黑色条状花纹，果皮极薄具弹
性，耐运输。果肉桃红色，质细风味佳，
果实中心糖含量 12.5％以上。单瓜重
1.5～2.5 千克。适宜春、秋、冬多季设
施栽培。

（14）早佳 8424。新疆葡萄瓜菜类
研究开发中心选育而成。早熟品种，开
花至成熟 28 天，主蔓第 6 节着生第 1 雌
花，以后每隔 4～6 节着生 1 雌花。果实
圆形，果皮厚约 1 厘米，绿底覆青黑色
条斑。果肉桃红色，肉质松脆多汁，中
心糖含量 12％，边糖含量 9％。耐低温
弱光照，不耐贮运。单果重 5～8 千克，
一般每亩产 2 500～3 200 千克，见图
2-9。

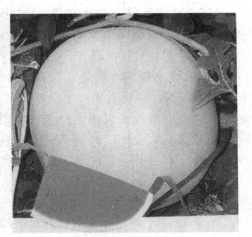

图 2-7　华晶 3 号

图 2-8　黑美人

图 2-9　早佳 8424

（15）郑抗 6 号（特早佳龙）。中国农业科学院郑州果树研究所育成。植株生长势中等，果实发育期 25～28 天，主蔓第 4～5 节出现第 1 雌花，间隔 4～5 节再现 1 雌花，极易坐果。果实椭圆形，果皮绿底上带网纹，果肉大红色，肉质脆，汁多爽口，中心糖含量 11%～12%。单瓜重 5～6 千克，一般每亩产 4 000 千克以上。抗病性与抗旱性较强，适于地膜和设施早熟栽培，见图 2-10。

图 2-10　郑抗 6 号（特早佳龙）

（16）京欣 1 号。北京市农林科学院蔬菜研究中心与日本西瓜专家森田欣一合作选育的早熟西瓜品种。全生育期 90～95 天，果实发育期 28～30 天，第 1 雌花节位 6～7 节，雌花间隔 5～6 节，抗枯萎病、炭疽病较强，在低温弱光条件下容易坐果。果实圆形，果皮绿色，上有薄薄的白色蜡粉，有明显绿色条带 15～17 条，果皮厚度 1 厘米，肉色桃红，纤维极少，中心糖含量 11%～12%。平均单瓜重 4～5 千克，一般每亩产量 2 500 千克以上，但皮薄易裂，不耐贮运，适合城市郊区早熟设施栽培，见图 2-11。

图 2-11　京欣 1 号

（17）京欣 2 号。北京市农林科学院蔬菜研究中心育成。外形似京欣 1 号，中早熟种，全生育期 90 天左右，果实发育期 28～30 天，单瓜重 5～7 千克。有果霜，红瓤，中心糖含量 11%～12%。肉质脆嫩，口感好，风味佳。耐贮，高抗枯萎病兼抗炭疽病。每亩产量 4 500 千克左右，适合保护地和露地早熟栽培。与京欣 1 号相比，在低温弱光下坐瓜性好，膨瓜快，早上市，耐裂性有所提高，见图 2-12。

图 2-12　京欣 2 号

（18）豫艺甜宝。河南豫艺种业科技发展有限公司育成。果实成熟约30天，全生育期85～90天。植株长势中等，分枝性一般，叶色浓绿，叶形掌状；第1雌花着生节位6～7节，雌花间隔节位5节。果实圆形，果形指数1.05～1.08，单瓜重5.5千克。果皮浅绿，覆深墨绿色细条带，果皮厚1.1厘米，果皮硬度软，较耐贮运。果肉鲜红，中心糖含量11.8%，边糖含量9.5%，肉质口感松脆。种子椭圆形，土灰色，千粒重45克左右。中抗枯萎病，生长稳健，耐旱耐瘠薄。每亩产量3 000千克，见图2-13。

图2-13　豫艺甜宝

（19）郑杂7号。中国农业科学院郑州果树研究所育成。全生育期85天左右，果实发育期30～32天。植株长势中等，坐果性较好，抗病性中等，耐湿性中等，耐肥水。第1雌花着生在主蔓第5～7节，以后每隔5～6节再现雌花。果实高圆形，果形指数1.1～1.2，果面光滑，深绿底色上覆有深绿色齿条，皮厚1厘米。红瓤，瓤质沙脆，汁多爽口，纤维少，中心糖含量11%左右。单瓜重5千克，每亩产量3 000千克。种子黄褐色，千粒重43克左右。适于地膜覆盖育苗栽培，亦可直播，见图2-14。

图2-14　郑杂7号

（20）豫艺瓜之宝9号。河南豫艺种业科技发展有限公司选育。小果型，保护地种植果实成熟需35～38天，全生育期85～97天。植株分枝性一般，叶色绿，叶形掌状。第1雌花着生节位6～8节，雌花间隔节位5～6节。果实椭圆形，果形指数1.35，单瓜重2.5千克左右。果皮覆深绿色网纹，厚0.6厘米，硬度中，较耐贮运。肉质脆爽，剖面好、瓤色浅黄，中心糖含量11.8%，边糖含量10.3%。种子卵圆形，黑褐色，千粒重42克左右。感枯萎病，较耐低温弱光。每亩产量2 800千克左右，见图2-15。

（21）世纪春蜜。中国农业科学院郑州果树研究所育成。全生育期85天左右，果实发育期25天左右。植株生长势中等偏弱，极易坐果。果实圆球形，浅绿底色上覆有深绿色特细条带，外观漂亮。瓤质酥脆细嫩，口感极好，中心糖含量12.5%左右，品质上等。平均单瓜重4千克左右，每亩产量3 000～3 500千克，见图2-16。

图2-15　豫艺瓜之宝9号

图2-16　世纪春蜜

（22）超越梦想。北京市农业技术推广站育成。植株生长势中等，第1雌花平均节位8.5节，果实发育期31天。单瓜重量1.72千克，果实椭圆形，果形指数1.29，果皮绿色，覆齿条，皮厚0.5厘米。果肉红色，中心糖含量11.7%，边糖含量9.5%，口感好。果实商品率99.4%。每亩产量2 500～3 000千克，见图2-17。

（23）特小凤。原产我国台湾，20世纪90年代后引入大陆。高球形至微长球形，果重1.5～2.0千克，果皮极薄，肉色晶黄，肉质极为细嫩脆爽，甜而多汁，纤维少，中心糖含量12%左右，种子少，果皮韧度差，不耐贮运，植株生长稳健，易坐果，结果多，见图2-18。

图2-17　超越梦想

图2-18　特小凤

2. 中晚熟品种

（1）西农 8 号。西北农林科技大学园艺学院选育。植株生长势强，幼苗齐、壮。第 1 雌花在第 7～8 节出现，其后每间隔 3～5 节再现雌花，坐瓜能力强。果实椭圆形，果皮底色浅绿覆有浓绿色条带。果肉红色，肉质细，中心糖含量 11.5％～12.5％，品质佳。单瓜重 8～18 千克，每亩产量 5 000 千克左右。高抗枯萎病兼抗炭疽病，耐重茬，见图 2-19。

（2）红冠龙。西北农林科技大学园艺学院选育。果实生育期 36 天，第 1 雌花在第 7 节出现，其后每间隔 3～5 节再现雌花，植株生长势强，坐瓜能力强。果实椭圆形，果皮底色浅绿覆有深绿色条带，果肉大红色，肉质细脆，果实中心糖含量 12.5％左右，品质佳。单瓜重 9～10 千克，每亩产量 6 000 千克左右。耐运输，极耐贮藏。高抗枯萎病、炭疽病，较耐病毒病，见图 2-20。

图 2-19　西农 8 号

图 2-20　红冠龙

（3）开杂 12 号（豫西瓜 9 号）。河南省开封市农林科学研究所育成。中熟品种，果实发育期 33 天，全生育期 105 天。植株长势强健，抗病抗逆性强。果实椭圆形，皮墨绿，上有暗条带，坚韧，耐贮运。鲜红瓤，质地紧密，脆甜可口，中心糖含量 11.5％。坐果性适中，丰产潜力大，一般单瓜重 8～10 千克，每亩产量 5 000 千克左右，见图 2-21。

图 2-21　开杂 12 号

（4）郑抗 1 号。中国农业科学院郑州果树研究所育成。中熟品种，全生育期 100 天，果实发育期 30 天左右。植株生长势较旺，分枝性中等，易坐果，第 1

雌花着生在主蔓第 8～10 节，以后每隔 4～6 节再现雌花。果实椭圆形，果形指数 1.38，绿色果皮上覆有 8～10 条深绿色不规则条带，果面无蜡粉，皮厚 1 厘米，皮硬，耐贮运。瓤色大红，瓤质脆沙，纤维少，汁多味甜，中心糖含量 11% 左右。高抗枯萎病，可重茬种植。单瓜重 5 千克，每亩产量 3 000 千克左右，见图 2-22。

图 2-22 郑抗 1 号

（5）郑抗 3 号。中国农业科学院郑州果树研究所培育。中熟品种，高抗枯萎病兼抗炭疽病。果实外观类似金钟冠龙，果肉红色，中心糖含量 12% 左右，单瓜重 7～10 千克，耐贮运性好，每亩产量 4 500 千克左右。

（6）88-29。新疆生产建设兵团第六师农业科学研究所培育。全生育期 95 天，植株生长势中等，第 9 节出现雌花。易坐瓜且整齐，果实呈圆形，皮色果绿，有深绿色条带，瓤红肉脆，风味好，中心糖含量 12.5%，成熟后不倒瓤，过熟有轻度空心，较耐运输。每亩产量 3 500～5 000 千克。

（7）龙卷风。河南豫艺种业科技发展有限公司选育。中熟品种，全生育期 105～110 天，果实发育期 31～33 天。植株生长势强，易于坐瓜，坐瓜整齐，优质高产。第 1 雌花着生于第 8～10 节，雌花间隔节位 5～6 节。果实椭圆形，果形指数 1.38 左右。果皮硬度中等，墨绿色，覆深墨绿花条带，果皮厚 1.2 厘米，耐贮运。瓤色大红，果肉细腻沙甜，中心糖含量 13%，边糖含量 10%。种子椭圆形，黄褐色，籽粒长度 0.8 厘米，千粒重 50 克。单瓜重 7 千克左右，见图 2-23。

（8）豫艺新拳王。河南豫艺种业科技发展有限公司培育。中大果型，露地种植果实成熟天数 31～33 天，全生育期

图 2-23 龙卷风

105 天。第 1 雌花着生于第 7～8 节，雌花间隔节位 5～6 节。果实椭圆形，果形指数 1.38，果皮光滑，瓜形端正，畸形果少。果皮浅黑，覆深墨暗花条带，果皮厚 1.2 厘米，硬度高，耐贮运；果肉红，肉质细脆，中心糖含量 11.8%，边糖含量 9%。种子卵圆形，褐麻色，千粒重 75 克。单瓜重 7.5 千克，见图 2-24。

（9）豫艺绿之秀。河南豫艺种业科技发展有限公司培育。全生育期 100 天左右，果实发育期 29 天。幼苗健壮，植株长势稳健，分枝性一般，叶片中大，缺刻深度中等。第 1 雌花着生于第 8～10 节，雌花间隔 5 节，坐瓜节位整齐。果实椭圆，果型指数 1.4，果形端正，外观漂亮。果皮绿色带网纹，厚度 1 厘米，皮硬韧，耐贮运性好。红沙瓤，瓤色转红快，剖面均匀、美观，籽小而少，多汁。单果重 8 千克左右，见图 2-25。

图 2-24　豫艺新拳王

（二）无籽西瓜品种

无籽西瓜的种子种皮厚，种仁不充实，发芽困难，幼苗生长缓慢。伸蔓以后，茎蔓生长明显加快，果实生长发育

图 2-25　豫艺绿之秀

亦较迅速，尤其是开花后 8 天左右，果实急剧膨大，增长率是普通西瓜的 3 倍。

无籽西瓜的种子比普通西瓜种子肥大而重，胚也稍大，但薄些，种皮厚而坚硬，尤其是种脐宽而硬，吸水困难，不易发芽。无籽西瓜的一次根生长良好，次生根发生较少，易受湿害。植株叶片比普通西瓜叶片肥厚宽大，缺刻较浅，颜色较深。茎较粗，节间短，茎蔓先端绒毛密而长，抗病力强。无籽西瓜的雌雄花较普通西瓜花肥大而色深。果实有时略呈三角形或四角形。

果实主要特点是无籽性，其次瓜皮稍厚、坚硬，耐贮运，瓜瓤中部容易裂开成空洞。无籽西瓜果实具有汁多、味甜、糖分分布比较均匀、可溶性固形物含量高等特点。生产上常用品种有以下几种。

（1）郑抗 10 号。中国农业科学院郑州果树所育成。中晚熟无籽西瓜，植株生长势强，春季栽培全生育期 100～105 天，果实发育期 33～35 天。主蔓第 8～9 节着生第 1 雌花。果实球形，果皮深绿色带墨绿色花纹、披蜡粉，厚 1.4 厘米左右。果肉鲜红、质脆，中心糖含量 12％左右。单瓜重 5～6 千克，见图 2-26。

（2）郑抗无籽 1 号。中国农业科学院郑州果树研究所育成。中晚熟种，全生育期 104～110 天，果实发育期约 39 天。植株生长势强，抗病性较强，耐湿性好，易坐果，具一株多果和多次结果习性。第 1 雌花着生在主蔓第 6～8 节，以后每隔 5～6 节再现雌花。果实短椭圆形，浅绿色果皮上覆有深绿色条带，皮厚 1.2～1.3 厘米，耐贮运性好。红瓤，质脆，中心糖含量 11％以上，白色秕籽小，无着色秕籽。不空心，不倒瓤。单瓜重 6 千克以上。每亩产量 4 000 千克左右，见图 2-27。

图 2-26　郑抗 10 号

图 2-27　郑抗无籽 1 号

（3）郑抗无籽 2 号（蜜枚无籽 2 号）。中国农业科学院郑州果树研究所育成。中晚熟品种，全生育期 105 天，果实发育期 36～40 天。植株生长旺盛，抗病耐湿性较强，第 1 雌花着生在主蔓第 6～8 节，以后每隔 5～6 节再现雌花，具有一株多果和多次结果习性。果实短椭圆形，墨绿色果皮上隐显暗条带，皮厚 1.2 厘米，皮硬，耐贮运。红瓤，质脆，中心糖含量 11％～12％，不空心，不倒瓤，白色秕籽小，无着色秕籽。果实大，每亩产量 4 500 千克左右。

（4）郑抗无籽 3 号。中国农业科学院郑州果树研究所育成。中早熟品种，全生育期 95～100 天，果实发育期 30 天左右。植株生长健壮，发苗早，分枝力强，较耐湿抗病。第 1 雌花着生在主蔓第 5～6 节，以后每隔 4～5 节再现雌花。易坐果，坐果指数 1.3 左右，具一株多果和多次结果习性。果实圆球形，浅绿色果皮

上覆有墨绿色齿条带，外形美观，皮厚
1.2 厘米，皮硬，耐贮运。瓤色大红，
质脆，中心糖含量 11.5％ 以上，白色秕
籽小，无着色秕籽，不空心，不倒瓤。
果实中等大，每亩产量 3 500～4 500 千
克，见图 2-28。

图 2-28　郑抗无籽 3 号

　　（5）新生代无籽 2 号。河南豫艺种
业科技发展有限公司选育。硬皮、耐运
型无籽西瓜品种，易坐瓜。中熟，全生
育期 105 天，坐瓜后 30～32 天采收。浅
绿皮上覆绿色条带，果肉大红，脆甜多
汁，中心糖含量可达 13％。单瓜重 8～
10 千克，大瓜可达 20 千克，每亩产量
可达 4 500 千克，见图 2-29。

　　（6）雪峰蜜红无籽（湘西瓜 14）。
湖南省瓜类研究所培育。中熟偏早，全
生育期 93～95 天，果实发育期 33～34
天。果实圆形，绿皮上覆有深绿齿条带，
外观美，皮厚 1.2 厘米，耐贮运。红瓤，
质细嫩，中心糖含量 12％～13％。无籽
性能好，坐果率高（单株坐果 1.8 个左
右）。单瓜重 5～6 千克，每亩产量 4 000
千克左右。

图 2-29　新生代无籽 2 号

　　（7）菠萝蜜无籽。河南豫艺种业科
技发展有限公司选育。黑皮黄瓤无籽西
瓜，全生育期约 105 天，果实发育期约
33 天。果实圆形，瓜瓤金黄，中心糖含
量 11.6％，皮厚 1.2 厘米左右，坚韧且
不易裂果，耐贮运性能好。平均单果重
6～8 千克，每亩产量 3 500～4 000 千
克，见图 2-30。

　　（8）黑蜜 5 号。中国农业科学院郑

图 2-30　菠萝蜜无籽

州果树研究所育成。中晚熟品种，全生育期 100～110 天，果实发育期 33～36

天。植株生长势中等，第 1 雌花节位在第 15 节左右，雌花间隔 5～6 节。果实圆球形，果形指数 1.00～1.05，墨绿色果皮上覆有暗宽条带，果实圆整度好，果皮较薄，在 1.2 厘米以下。中心糖含量 11% 左右，中边糖梯度较小。平均单瓜重 6.6 千克，见图 2-31。

图 2-31　黑蜜 5 号

（9）无籽红宝石。北京市农林科学院高新技术研究开发中心培育。全生育期 90～95 天，雌花开花到果实成熟需要 30～34 天，果实正圆形，翠绿皮显深绿条带，外形美观。果肉鲜红，瓤质脆、汁多，风味好，中心糖含量 12% 以上，植株长势中等，坐瓜性强。平均单瓜重 5～6 千克。

（10）洞庭 3 号。湖南岳阳市西瓜研究所育成。黑皮黄瓤中熟种，植株生长势强，耐湿抗病，易坐果。果实圆球形，质脆，风味佳，中心糖含量 12% 左右。单瓜重 5～7 千克，一般每亩产量 2 500 千克左右。

思考与训练

1. 调查当地西瓜种植的主要栽培品种有哪些？品种的生产特性如何？
2. 试分析当地市场销售的西瓜重要品种类型。
3. 思考如何根据当地生产特点，选择西瓜品种。
4. 无籽西瓜与普通西瓜相比，最明显的生育特性是什么？

模块三
西瓜育苗技术

学习目标

了解西瓜营养土育苗技术、穴盘基质育苗技术及嫁接育苗技术，能进行西瓜穴盘育苗，掌握苗期管理技术，学会常用西瓜嫁接育苗的方法，学会嫁接苗的管理。

一、 常规育苗技术

(一)育苗时间和设施

1. 育苗时间　根据不同茬次，西瓜育苗时间不同。冬春季育苗在 12 月中旬至翌年 4 月下旬，夏季育苗在 6 月上旬至 7 月下旬。冬春育苗在有加温设备的日光温室或多层覆盖的塑料大棚内进行，夏季育苗在有降温设备的日光温室、连栋温室或塑料大棚内进行。此外，春茬塑料大棚单层覆盖育苗一般比当地露地西瓜育苗期早 20～30 天，大棚内加盖小拱棚还可提早 10～15 天，小拱棚上加盖草苫育苗期再提早 10～15 天。

2. 育苗设施　一般采用阳畦、塑料大棚和日光温室进行育苗。

(1)阳畦。阳畦又称冷床，利用太阳能来保持畦内的温度，没有人工加温设施。有抢阳畦和槽子阳畦两大类型。由于阳畦建造方便、成本低、技术易于掌握，目前利用阳畦育苗仍是瓜类蔬菜早春育苗，特别是蔬菜保护设施不发达地区常用的方法之一。阳畦由畦心、土框、覆盖物和风障四部分构成。畦心一般 1.5 米宽，7.0 米长。土框的后墙高 40 厘米，底宽 40 厘米左右，上宽 20 厘米；前土墙深 10～12 厘米，东西两边墙宽 30 厘米，按南（前）北（后）两墙的高度做成斜坡状。阳畦上的覆盖物分透明和不透明两层。透明覆盖物多为农用塑料薄膜，一般采用平盖法；不透明覆盖物主要用宽 1.6 米、长 7.5 米蒲席或草苫。

（2）电热温床。电热温床是指在阳畦、小棚、中棚、大棚、温室等设施内，通过铺设电热线加温进行的育苗。它具有升温快，温度均匀，温度调节方便，地温高等优点，是近年来城市近郊相对理想的一种加温育苗方式。电热线的规格一般有400瓦（长度60米）、800瓦（长度80米）、1 000瓦（长度1 000米）三种型号。电热温床进行布线时，电热线不能交叉和重叠，以免发生短路。

（3）塑料大棚。塑料大棚又称冷棚，是我国南北方地区广泛应用的栽培设施。从塑料大棚的结构和建造材料上分析，应用较多和比较实用的主要有竹木结构、焊接钢结构和镀锌钢管结构三种类型。不管何种结构的大棚，虽然各地区不尽相同，但其主要参数和棚形基本一致，大同小异。竹木结构大棚的一般跨度6～12米，长度30～60米，肩高1.0～1.5米，脊高1.8～2.5米；焊接钢结构大棚一般跨度8～12米，脊高2.6～3米，长30～60米；镀锌钢管结构大棚一般跨度4～12米，肩高1.0～1.8米，脊高2.5～3.2米，长20～60米，拱架间距0.5～1.0米，纵向用纵拉杆（管）连接固定成整体。塑料大棚相比日光温室具有取材方便、造价较低、建造容易等优点，但保温性能不及日光温室，冬季进行育苗时，常采用多层覆盖加强保温（图3-1）。

图3-1 塑料大棚西瓜育苗

（4）日光温室。日光温室又称暖棚。按墙体材料分类，主要有干打垒土温室、砖石结构温室、复合结构温室等；按结构分类，有竹木结构、钢木结构、钢筋混凝土结构、全钢结构、全钢筋混凝土结构、悬索结构、热镀锌钢管装配结构。常用半拱式温室，一般跨度7～8米，脊高2.5～3.1米，长度多为60～80米。日光温室的特点是保温好、投资低、节约能源，在我国北方地区广泛使用日光温室进行冬季育苗（图3-2）。

图 3-2　日光温室西瓜育苗

（二）育苗前的准备

1. 营养土育苗的准备　常规育苗采用营养土或营养块育苗。营养土要求有机质含量高、养分全、土壤结构合理、疏松通气、保水保肥能力强且无病虫害，一般由肥沃的大田土与腐熟厩肥混合配制而成，一般选用没有种过瓜类作物的大田土（以葱蒜茬的园土比较理想）。有机肥必须充分腐熟，以免造成烧苗、氨气中毒，有机肥腐熟过程中用 50％辛硫磷乳油 500 倍液或 90％敌百虫 800 倍液泼浇用以杀灭虫卵。

（1）营养块育苗。一般提倡用 9 厘米×9 厘米，或 10 厘米×10 厘米的营养钵护根育苗，以保证幼苗有较大的生长空间。将配好的营养土装至与营养钵口平齐即可，不用摁压，浇水会自然下陷约 1 厘米，然后将营养钵整齐摆放在苗床内。苗床深 15～20 厘米，宽 1.5～2.0 米，地面平整，长度以育苗数量而定。采用地热线加温育苗的，需要提前在苗床内按间距 8～10 厘米铺设地热线。

（2）营养土配制。一般用大田土 7 份、优质腐熟有机肥 3 份，或大田土 3 份、细炉渣 3 份、腐熟的有机肥 4 份，每立方米施入复合肥 0.5～1.0 千克。

（3）营养土处理。为防止土壤带菌传病，引发苗期病害，常用多菌灵、代森锰锌、多菌灵·福美双等进行营养土消毒。具体方法：每立方米床土用多菌灵、代森锰锌、多菌灵·福美双等可湿性粉剂 25～30 克拌匀，或配制成 200～400 倍液，喷洒在床土上，拌匀后用塑料薄膜严密覆盖 2～3 天。

2. 穴盘基质育苗的准备　与营养钵育苗相比，穴盘基质育苗具有减少土传病虫害的发生，成苗率高，根系发达，苗齐苗壮，节省种子成本，操作简便，省力、省工、省时，便于运输可实现集中供苗，定植方便且缓苗快，植株生长整齐等优点（图 3-3）。穴盘基质育苗主要包括以下步骤。

图 3-3 西瓜穴盘基质育苗

（1）穴盘、基质的准备。西瓜育苗一般选用 50 孔的穴盘。基质可选择市场上的商品育苗基质，也可购买草炭、蛭石、珍珠岩等自行进行配制。市售基质多为每袋 50 升，一般能装 50 孔的穴盘 10～12 盘。

（2）穴盘、基质消毒。购买的新穴盘可不用消毒，直接使用。如果是旧穴盘重复利用，需提前用高锰酸钾 1 000 倍液浸泡 30 分钟消毒，也可用甲醛溶液、多菌灵、84 消毒液浸泡消毒，然后用清水冲洗干净后晾干。基质用 30% 多·福、50% 多菌灵或 70% 甲基硫菌灵等杀菌剂消毒，50 升基质加入任一种杀菌剂 20 克左右拌匀。

（3）装盘。先用自来水将基质含水量调节至 60% 左右（用手握紧，有少量水渗出），然后将基质装入穴盘。用刮板从穴盘一方刮向另一方，使每穴都装满基质，而且各个格室清晰可见，禁止装盘时将基质压得太紧。

（4）压盘。用同样规格、装满基质的穴盘，每 5～6 张垂直叠放压盘，使孔穴内基质下陷 0.8～1 厘米，以备播种。

（5）播种覆盖。将种子（或种芽）按每穴 1 粒播于压好的孔穴中心，覆盖基质，刮盘使基质面与盘面相平，然后摆于苗床中。苗床上可铺地布或石子，防止根系扎入土中，感病或影响缓苗。

（6）浇水。用带细孔喷头的水管或喷壶浇透水，忌大水漫灌把种子冲出盘，然后盖一层地膜升温保墒。

（三）播前种子处理方法

1. 种子精选　挑选纯度好、发芽率高、纯正饱满、无霉变的种子。为提高种子发芽率，在浸种前将种子晾晒 3～4 小时。

2. 浸种　西瓜种子种壳较硬，生产上发现，采用干籽直播，种子发芽出苗效果不好。为了加快种子的吸水速度，缩短发芽和出苗时间，一般进行播前浸种。浸种时间因水温、种子大小、种皮厚度而异，水温高、种子小或种皮薄，浸种时间短，反之则浸种时间长，浸种一般在 4～10 小时。为减少种子表面病菌数量，可通过提高浸种温度或采用药剂浸种，来杀灭种子表面病菌，提高秧苗质量。通常采用的方法有热水烫种、温汤浸种和药剂浸种等。

（1）热水烫种。无籽西瓜常用热水烫种处理。具体方法为将种子用纱布包好，用细绳系住迅速放入 70℃ 的水中浸种 8～15 秒，然后加入冷水正常浸种，保持水温 25℃ 左右，用清水漂洗，搓掉种皮上的黏液，再浸泡 8 小时。切记烫种时间不能过长，否则易使种子受害。

（2）温汤浸种。西瓜通常采用温汤浸种。把种子浸入 55℃ 温水中，并不断搅动，保持 55℃ 水温 15 分钟，然后使水温自然降低至 25℃ 左右继续浸种 6～8 小时。温汤浸种的水量一般为种子的 3 倍，浸种过程中搓洗种子并换水 1 次，将其表面的黏液洗净，以利于种子萌发。

（3）药剂浸种。用农药制剂来浸种也是为了防止病害发生所采用的方法，常用的消毒剂有磷酸三钠、福尔马林、高锰酸钾等。用 50% 多菌灵可湿性粉剂 2 克兑水 1 000 毫升，然后将种子放入其中浸泡 1 小时，取出冲洗干净，浸种催芽，可以预防炭疽病；用 2%～4% 的漂白粉溶液将西瓜种子浸泡半小时，捞出后用清水冲洗干净，可杀死种子表面的细菌；用 10% 的磷酸三钠溶液，浸泡西瓜种子 20 分钟，用水清洗干净，可钝化病毒活性，对防止西瓜花叶病毒有一定效果；用 40% 的福尔马林 150 倍液浸种 30 分钟，可预防枯萎病和蔓枯病。

3. 催芽

（1）催芽方法。浸种完毕，将种子在清水中反复揉搓，洗去种子表面的黏质物，把浸好的种子均匀平铺在稍拧不滴水的干净湿毛巾或棉布上，然后卷起，放入塑料袋或催芽箱中保湿，在催芽箱中，普通西瓜种子在 25～30℃ 进行催芽，无籽西瓜在 33～35℃ 进行。催芽过程中一定要用温度计，并经常观察温度是否合适。催芽要充分满足种子发芽的三个基本条件，即合适的水分、适宜的温度和良好的通气。一般 24 小时即可"露白"，催芽长度以不超过种子长度为宜。

生产中设施条件不完善时，可采用电热毯催芽法。将电热毯平铺在草垫上，加铺塑料薄膜隔湿，再铺上湿纱布，分层铺上种子，盖上湿纱布，最上面加铺薄膜，盖上棉被保温。插上电源，温度达到要求时断电，温度下降时通电，20 小时左右即可播种。

（2）无籽西瓜种子的嗑种。无籽西瓜因其种皮厚、胚发育差、生活力弱，催芽前还需要人工破壳。具体方法：浸种后，把种子捞出晾去多余的水分，用牙齿轻嗑一下种脐，听到"咔嚓"一声，种子略开一个小口即可。嗑种时一定要轻，种皮开口不要过大，以防伤及种仁。

（3）催芽应注意几个方面的问题。

①合适的催芽温度。种子胚内酶的活动有一个特定的适宜温度，过高或过低均不利于种子发芽。普通西瓜种子一般在 25～30℃、无籽西瓜种子在 33～35℃条件下催芽，低于 15℃则大多数西瓜种子不能正常发芽，超过 40℃则有损伤胚根的危险。

②良好的通气。催芽过程中种子湿度过大如包布太湿、种子太多、堆积较厚、透气不良，胚供氧不足发生无氧呼吸，易造成种子发臭、闷种、烂种。所以，催芽前一定要晾干或擦干种子表面的水，保持种子透气良好，毛巾或棉布不能太湿、堆积不能太厚等，并要每天解开包布透气，检查种子发芽情况。

③充足的水分。无论采用何种催芽方法，要密切关注催芽过程中的水分变化，保持种子湿润，不能太干。生产中，往往有些瓜农为了省事在催芽过程中添加过多水，使种子通气不良而造成烂种。

④种子露白后的处理。种子经过高温出根露白长度达到 0.3～0.5 厘米时，天气条件适宜可直接播种；当出芽不一致或播种前天气条件差时，可挑出已出芽的种子用湿毛巾包好，放在 10℃左右的温度下保鲜，未出芽的继续催芽，待出齐后一起播种。

（四）播种

播种前对苗床进行药剂处理，穴盘在播种前装入营养土，并浇透水或用 800 倍 70%甲基硫菌灵液浇透苗土，将催过芽的种子播种于育苗盘内，播种时，种子平放，胚根向下。播后覆盖 1 厘米左右营养土，不要太浅，否则会"戴帽"出土。冬春季节注意保温，促进种子发芽；夏季注意遮光降温，保持湿度。

（五）播种后的管理

西瓜播种后的主要任务是调节温度、湿度和光照等，为秧苗生长创造适宜的环境条件，培育出适龄壮苗。

1. 出苗期管理 冬春季节育苗温度是关键，播种后要设法升温保温，白天充分增加光照，提高床温，夜间加盖草苫等进行保温，使苗床保持白天 28～

30℃，夜间不低于 20℃。火炕温床要经常观察床土温度和湿度，特别是主火道上方的床土温度往往升得很高，有时会超过 40℃ 而发生"烫种"不出苗。电热温床和火炕温床，易失水缺墒，需选晴天上午及时补充水分。当一半以上幼芽开始顶土时，适当降温，一般保持白天 22～25℃，夜间 15℃ 左右，以控制下胚轴的伸长，防止形成"高脚苗"。若苗床内温度、湿度合适，播后 3～4 天即可齐苗。达到预定天数若不出苗，就要及时检查苗床，是否苗床温度过低、床土过干或过湿、有无烫种现象，发现问题及时解决。

2. 幼苗期管理　幼苗期指从一叶一心到团棵期，需 25～30 天。此期应适当控水、降低床温，促进幼苗根系生长和花芽分化，防徒长，以培育壮苗为重点。

（1）温度管理。西瓜出苗到 1 片真叶展开后，下胚轴伸长基本停止，可适当升温，保持白天 25～28℃，夜间 15℃，加速幼苗生长。定植前一周左右，逐渐加大苗床通风量进行幼苗锻炼，保持白天 22～25℃，夜间 12～13℃，以增强幼苗对定植环境的适应性，缩短缓苗期，提高移栽成活率。炼苗需要注意，不要一次性把温度降得过快，要逐渐降下来，到定植时接近生产棚的最低温度即可。

（2）水肥管理。西瓜育苗期间为防止秧苗徒长，既要控温又要控水。播种前对营养钵浇足底水，苗床一般不会缺水。若确实干旱可选晴天上午 10 时左右用细眼壶适量浇 25℃ 左右的温水，切不可大水漫灌或下午浇水，因地温下降快、湿度大，最易发生猝倒病、立枯病。采用基质育苗，由于基质的保水性能不如营养土，浇水次数要相对增加，幼苗期间基质干湿交替（干长根，湿长叶），可促进幼苗健壮生长，若控水过度，易形成小老苗。每次浇水后都要及时通风排湿，以减少病害，并在浇水后、秧苗茎叶无水珠时向床面覆细土保墒，覆土后叶片上的土可用笤帚轻轻抖落，以免影响光合作用。若幼苗叶片瘦小、发黄，可喷洒0.2％磷酸二氢钾溶液。定植起苗前 1 天可浇一次透水。

（3）光照管理。阳光是幼苗叶片光合作用的能量来源，光照条件的好坏直接影响幼苗生长的壮弱，要尽可能增加床内光照强度和时间。在床温许可范围内，一般日出后气温回升时，及时揭开草苫，下午在对床温降低影响不大时晚盖草苫，以延长光照时间。另外，也要经常清除薄膜上的尘土和杂物，以增加透光率。特别要注意的是，在阴雨天气时不要因没有阳光而不揭草苫，尤其是在连阴天的情况下，白天床温只要不低于 15℃，就揭开草苫或采用间隔揭苫的方法，使幼苗更多地接受散射光，进行一定的光合作用。如果育苗季节低温阴雨天气较多，可考虑在育苗场地内增挂补光灯补充光照。当瓜苗较大、外界气温稳定在20℃ 左右时，可逐渐揭开薄膜，使瓜苗接受更多光照；若幼苗有萎蔫、叶子下垂现象，要及时回盖薄膜，待幼苗恢复正常后再逐渐揭膜。

（4）通风管理。通风是调节苗床温度、湿度的主要手段。一般在大部分瓜苗出土后，每天上午 9 时以后气温上升较快时开始通风，下午 4 时以后气温下降时结束通风。通风时应顺风向开通风口，通风口的大小、通风时间的长短应根据外界气候条件变化而定，切忌突然大量通风或突然结束通风，防止闪苗或闷苗。通风口的位置还应经常变换，以免引起风口处的苗不能正常生长。

3. 定植前管理　在定植前 7～10 天，需要对秧苗进行锻炼，增强适应性，缩短缓苗期。具体方法是逐渐增加苗床白天的通风时间和通风量，对幼苗进行降温、控水处理，提高西瓜幼苗的适应性和抗逆性。在炼苗期间若遇寒流、大风等情况，仍需给苗床增加保温措施，防止幼苗受冻。

育苗期要防止秧苗徒长。苗床底肥超量、床土湿度过大、温度偏高（特别是夜温偏高）、光照不足或幼苗密集等因素都会导致西瓜苗徒长。造成根系不发达，侧根数量少且弱，茎纤细，叶片狭长而薄，叶色浅绿，茎和叶片易折断，定植后缓苗时间长，结瓜晚且不易坐瓜。

为防止幼苗徒长，应注意以下几个方面：一是按西瓜生长需求合理配制营养土，控制氮肥施用量；二是加强苗床温度管理，防止夜温持续偏高；三是合理浇水，防止苗床湿度长时间过大；四是幼苗出土后需要进行间苗，及时去除病苗、弱苗，保留生长健壮的幼苗，确保幼苗有较强的生长势。

4. 西瓜壮苗的标准　幼苗生长稳健，下胚轴粗壮长度达 4～5 厘米，子叶平展、肥厚浓绿；主茎节间短，生理苗龄幼苗具有 3～4 片真叶，真叶叶柄短，叶色深绿，叶片肥大且无病虫危害；根系发达白嫩，主根长达 20 厘米左右，侧根数量大。具备上述标准的瓜苗耐旱、耐寒、抗逆性强、移栽后缓苗快。

二、 嫁接育苗技术

西瓜嫁接育苗的主要目的是避免或减轻西瓜土传病害，克服西瓜栽培连作障碍。此外，嫁接育苗还具有提高西瓜植株抗逆性和肥水吸收能力，促进植株的生长发育，提高产量等作用。

（一）砧木选择

1. 砧穗间亲和性好　亲和性好是嫁接成活率高的前提。进行西瓜嫁接时，需要选择与西瓜嫁接亲和性好的砧木品种。一般情况下，西瓜砧木亲和性强弱顺序为野生西瓜砧、葫芦砧和南瓜砧。

嫁接

2. 砧木的抗病性强　选择西瓜砧木，除考虑亲和性外，还需要考虑砧木品种的抗病性。除抗枯萎病外，最好还能兼抗其他病害或具有抗逆性，比如耐低温、耐旱、耐湿等。一般南瓜砧抗瓜类枯萎病的能力最强，耐低温、耐寒；葫芦砧抗瓜类枯萎病的能力、耐低温、耐旱性均次于南瓜砧，但相对耐湿。不同砧木的耐低温能力由强到弱依次为南瓜砧、葫芦砧、冬瓜砧。

3. 砧木对接穗果实品质影响小　西瓜嫁接后，不能出现显著影响果实品质的情况。以南瓜作为砧木生产出的西瓜果实，常表现为果皮增厚、果肉变硬、果实的风味品质较差；以冬瓜为砧木的西瓜果实，常表现为果肉变软、含糖量下降、果实的风味品质也较差。只有以葫芦为砧木的西瓜果实，在各项品质指标上与西瓜自根苗相比无明显差异，能保持品种的原有风味特点。

生产中常用砧木：①葫芦。葫芦具有与西瓜良好而稳定的亲和性，对西瓜品质也无不良影响。这类葫芦中以瓢葫芦为最好，长葫芦次之。②瓠瓜。瓠瓜砧木亲和力强，成活率高，亲和力稳定，共生期极少出现不良植株，抗枯萎病，尤其对危害根部的根腐病、线虫等有一定的耐性，嫁接后的西瓜雌花出现较早，成熟较早，对品质无不良影响，是目前较为理想的西瓜砧木。主要品种类型有长瓠瓜和圆瓠瓜。③南瓜。南瓜对枯萎病有绝对的抗性，低温伸长性和低温坐果性好，低温条件下吸肥能力也最强。但多数南瓜砧木与西瓜嫁接后使西瓜果皮增厚、果肉中有硬块、含糖量下降。现在生产上应用不多，偶尔选用云南白籽南瓜作为砧木。

（二）嫁接前准备

1. 工具准备　嫁接前需要准备双面剃须刀片、嫁接针或竹签等工具，以及薄膜、遮阳网等材料。

2. 秧苗处理　嫁接前 1 天用 70% 甲基硫菌灵（或代森锰锌）800 倍液喷施砧木苗和接穗苗。如果适接期天气高温干燥，要提前 1 天用清水浇透砧木苗营养土袋或基质，以及接穗沙床。

（三）嫁接

西瓜常用的嫁接方法有插接法、靠接法和双断根嫁接法，以插接法最为常用。

1. 插接法　砧木比接穗早播 3～5 天，砧木播于营养钵中，接穗播于穴盘或沙床上。当砧木子叶出土后，即可催芽播种西瓜。当接穗两片子叶展平、心叶未出、砧木苗第 1 片真叶出现时为嫁接适期。嫁接前 2～3 天，用 72% 农用链霉素 3 000 倍液、30% 苯醚甲环唑悬浮剂 3 000 倍液喷洒西瓜苗床，防止嫁接后感染病害。

具体做法：①先用左手中指和无名指夹住砧木苗下胚轴；②食指从一侧顶住生长点，右手拿嫁接针，从靠近一片子叶稍向下方向斜插，深约1厘米，嫁接针不要拔出；③用刀片将西瓜苗从下胚轴基部切下，用左手中指、拇指轻轻捏住两片子叶，食指托住下胚轴，右手持刀片将下胚轴一侧斜向前削，削成长约1厘米斜面；④拔出嫁接针，将接穗插入扎孔中，接穗子叶与砧木子叶一般呈"十"字状，接穗插入要深，除将接穗刀口插入砧木外，还应将接穗带皮部分插入一点，这样可减少伤口水分散失，提高成活率（图3-4）。

图3-4 插接苗

为保证嫁接成活率，嫁接者一定要先熟练嫁接技术，嫁接时保持砧木和接穗干净，切削和斜插接穗动作要快、稳、准。熟练的嫁接工人每小时能嫁接500株左右，大规模工厂化育苗多采用此种嫁接方法。

2. **靠接法** 要求砧木比接穗晚播3～5天，即西瓜苗出土后再播砧木种子。砧木和接穗分别播在沙床或穴盘中，待嫁接后再定植于营养钵中，也可直接将砧木和接穗播种在同一个营养钵内，在营养钵内直接嫁接。以砧木、接穗子叶平展，刚露真叶时为嫁接适期。

具体做法：①先除去砧木的生长点；②在其子叶下1～1.5厘米处用刀片按35°角自下而上斜切一刀，切口长0.5～0.7厘米，深度达胚轴的2/5～1/2；③在接穗相应部位向上斜切一刀，接穗切口方向与砧木切口方向相反，切口长0.5～0.7厘米，深度达胚轴的1/2～2/3；④使两切口相吻合，用嫁接夹夹住；⑤把接好的两株苗同时栽到营养钵中，栽植时，接穗和砧木下胚轴基部相距1～2厘米，便于成活后剪除接穗根部，同时，嫁接口距土面3～4厘米，避免接穗发生不定根；⑥嫁接后7～10天接口完全结合后，在接口下方把接穗胚茎切断，在切断前1天最好用手把接穗茎捏一下，破坏其维管束部分，可使断根后基本不缓苗（图3-5）。

图 3-5　靠接苗

3. 双断根嫁接法　双断根嫁接，即将砧木从子叶下5～6厘米处平切断，按插接法将接穗与砧木进行嫁接，再将嫁接苗扦插入专用扦插基质中培养砧木新根的育苗方法。双断根嫁接法去掉了砧木的原根系，在嫁接口愈合的同时，诱导砧木产生新根，新形成的根系更发达、抗逆性更强。近年来，随着工厂化育苗企业的迅速发展，加上双断根嫁接法的几大突出优点，使此嫁接方法得到大面积应用。

一般先播种西瓜接穗种子，后播种砧木种子，接穗一般早播种2～3天。两者均撒播于平盘内，若西瓜种子较贵，可点播于72孔穴盘内。当砧木长到1叶1心（1片真叶展开，第2片真叶露心），接穗子叶展开时（最好是第1片真叶露心时）即可嫁接。具体做法：①用刀片将砧木从茎基部切断，切口离生长点5～6厘米为宜，切下后的砧木要保湿，并尽快进行嫁接，防止萎蔫；②用嫁接针紧贴子叶叶柄中脉基部向另一子叶叶柄基部呈45°左右斜插，嫁接针稍穿透砧木表皮，露出针尖；③取出接穗苗，在西瓜苗子叶基部0.5厘米处斜削一刀，切面长0.5～0.8厘米；④拔出嫁接针，将切好的接穗迅速准确地斜插入砧木切口内，并使接穗子叶与砧木子叶成"十"字形交叉；⑤嫁接后立即将嫁接苗保湿，尽快回栽到准备好的穴盘中。插入基质的深度为2厘米左右，回栽后适当按压基质，使嫁接苗与基质接触紧密，防止倒伏，并有利于生根。回栽时尽量将砧木的子叶沿同一方向排列，以减少相互间的遮阳，防止子叶积水和病害发生。

（四）嫁接后的管理

为保障西瓜嫁接苗成活，且成活后能够正常生长发育，必须做好嫁接苗床的温度、湿度、光照、通风管理及病害防治工作。

1. 温度管理　嫁接后的 3～5 天，棚内温度白天维持在 25～30℃，夜晚 18～20℃，以利于嫁接口的愈活；3～5 天后白天降至 25～27℃，夜晚降至 14～16℃，适当蹲苗，使幼苗矮壮；接穗真叶发出后，白天提高到 28～30℃，夜晚降至 12～16℃，利于促进幼苗的生长发育，减少病害的发生。

2. 湿度管理　嫁接后的 3 天内，小拱棚封闭，不通风，使空气湿度尽量达到饱和状态，以防接穗失水萎蔫。嫁接后 3～5 天嫁接口基本愈合，小拱棚可适当通风，降低苗床湿度，锻炼幼苗，让其适应外界自然环境。此外，外棚通风时，要注意封闭苗床小拱棚，保持苗床湿度。小拱棚通风时，外棚适当缩小风口，减少通风量。5 天后，小拱棚要逐渐加大风口，增大通风量。6～7 天可逐渐揭掉小拱棚农膜，只保留嫁接棚的棚膜，调整好风口，维持棚内适宜温度，以利嫁接苗的生长发育。如果幼苗午后有萎蔫现象发生，应立即在温室采光面的相应部位放下草帘遮阳，并适当对苗床浇水，注意水量不可过大。嫁接成活后应逐渐加大通风量，最后撤去嫁接棚膜。

3. 光照管理　西瓜苗嫁接以后，不能受到强烈的阳光照射，否则接穗易发生萎蔫死亡。因此，应该在温室采光面的相应部位放下草帘遮阳，以利于嫁接苗的成活。只要接穗不发生萎蔫，要尽量缩短遮阳时间，使幼苗多见阳光，以保证幼苗的光合作用正常进行，提高幼苗营养水平，促成壮苗。一般第 1 天从上午 9 时左右开始遮阳，下午 4 时左右停止，早晚让幼苗适当见直射光，以后每天逐渐缩短遮阳时间；6～7 天后可不再遮阳。如有条件可采用遮阳网遮阳，操作更为简便。

4. 通风换气　嫁接前 2 天，苗床需保温保湿，不能通风；3 天后早上、傍晚可揭开薄膜两头换气 1～2 次；5 天后嫁接苗新叶开始生长，逐渐增加通风量；1 周后嫁接苗基本成活，可按一般苗床进行管理；20 天后可以定植到大田，定植前应炼苗 3～5 天，防止嫁接苗徒长，使嫁接苗适应定植环境。

5. 去萌蘖　砧木切除生长点后，但仍有侧芽陆续萌发，应及时抹除，以防消耗苗体养分，影响接穗的正常生长（图 3-6）。抹芽动作要轻，以免损伤子叶和松动接穗。

图 3-6　嫁接苗砧木萌发侧芽

6. 断根　一般插接苗接后 10～12 天，靠接苗接后 8～10 天，即可判定成活与否。靠接苗成活后，需切断接穗接口下的接穗幼茎。为防止断茎过早而引起接穗凋萎，可先做少量断茎试验，当确认嫁接苗完全成活后，再进行全部断茎。取下嫁接夹收存，以备再用。

7. 病害预防　嫁接后 6～8 天，揭掉苗床小拱棚农膜后，要立即对幼苗喷洒 3 000 倍 96％噁霉灵＋200 倍红糖溶液＋500 倍尿素溶液，杀菌防病，提高幼苗的抗逆性能，促根壮苗。

（五）嫁接育苗应注意的几个方面

嫁接育苗的成活率不仅受砧木与接穗亲和力的影响，还与嫁接工具、嫁接时期、嫁接手法、嫁接后管理等方面有关。生产中嫁接时应该注意以下几个方面。

1. 嫁接工具要洁净　嫁接用的刀片、夹子、嫁接针等要进行消毒，并每用 1 次需用药棉蘸 75％的酒精涂抹消毒 1 次。同时嫁接用的刀片要锋利，确保一刀切成。

2. 嫁接时期要合适　不同的嫁接方法砧木和接穗粗细也就不一样，需要把握合适的播种及嫁接时期。插接法，砧木要比接穗的茎粗一点；劈接法，砧木要比接穗提前播种，当接穗出苗后既可嫁接；靠接法，则要求砧木和接穗粗细一致，此时接穗要比砧木提前 3～5 天播种。

3. 嫁接手法要熟练　嫁接操作要求稳、准、快，用刀切苗时要稳、快，切口的角度、方向要准确，接穗和砧木结合时要快、准，接穗和砧木不要带泥土。

4. 嫁接后管理要细致　嫁接时期再合适、嫁接手法再熟练，嫁接后不进行细致的管理，嫁接成活率也不会太高。嫁接后的管理主要是加强温度、湿度、光照管理，促进伤口愈合；适时通风，减少病害发生；及时给予光照，促进光合生产。

思考与训练

1. 西瓜浸种的方法有哪些？各有什么优点？
2. 没有现代化催芽设备的情况下，如何进行西瓜催芽？
3. 西瓜营养土育苗中，若出苗不整齐，分析一下可能的原因有哪些。
4. 西瓜出苗后，温度、湿度、光照如何管理？
5. 插接法的技术要点有哪些？
6. 西瓜苗嫁接后温湿度如何管理？
7. 分析如何提高西瓜嫁接苗的成活率。

模块四
露地西瓜栽培技术

了解西瓜营养土育苗技术、西瓜穴盘基质育苗技术及西瓜嫁接育苗技术，能进行西瓜穴盘育苗，掌握苗期管理技术，学会常用西瓜嫁接育苗的方法，掌握嫁接苗的管理技术。

露地栽培是西瓜的主要生产方式，根据情况又分为地膜覆盖和露地直播两种形式。地膜覆盖栽培是目前我国最普遍的一种种植方式，有普通平盖式、遮天盖地式、先盖天后盖地式三种方式。

一、 露地地膜覆盖西瓜栽培技术

地膜覆盖栽培是用 0.015～0.020 毫米塑料薄膜覆盖作物根际，改善土壤环境条件，促进生长发育的一种保护栽培模式。地膜覆盖西瓜栽培以华北、西北、东北等春季低温少雨的北方地区应用最为广泛，栽培面积最大。

河南、山东地膜覆盖西瓜约在 4 月 15 日断霜后定植，收获期较露地直播的早 15～20 天，产量可提高 30％左右。露地直播西瓜，一般以当地终霜期过后、地温稳定在 15℃左右时（中原地区清明节过后）为适宜播种期，可干籽直播，或催芽后直播大芽。这种种植方式不求早熟，以高产栽培为主，播种期一直可延迟至 5 月中旬。

（一）地膜覆盖方式

西瓜生产应用最多的地膜是无色透明膜，其透光性好，一般透光率为80％～

93.8%，增温 2~4℃，规格多为 0.015~0.020 毫米厚聚乙烯透明膜。此外，一些地区采用反光性较强的银灰色膜，可驱避蚜虫，减轻病毒病危害。夏季使用黑色膜及杀草膜，能有效抑制杂草生长，省工省力。

1. 普通平盖式　普通平盖式是最基本的覆盖方式。首先将瓜畦做成中央隆起呈龟背形的高畦，然后将地膜展开，呈条幅式水平铺盖于瓜畦畦面。畦面高度及盖幅宽度因地区而异。华北、东北等北方地区，西瓜生长期正值干旱少雨季节，畦高 10~15 厘米即可；南方阴湿多雨采用畦高 20~25 厘米高畦栽培。盖幅宽度南北地区也有较大差异。南方宜采用幅宽 100 厘米以上的地膜，最好覆盖全畦，以利梅雨季节防涝及伏旱季节保墒；北方干旱地区，为灌水方便，幅宽宜为 60~80 厘米。

2. 遮天盖地式　做畦方法与普通式相同，畦做好后，直接覆盖一层地膜，幅宽 70~80 厘米，然后用竹竿、杨树条、柳枝等，弯成拱形或半圆形，顺瓜行插成支架，呈小拱棚状。上扣 1.2 米幅宽、0.015 毫米厚普通透明地膜。一般棚高 30~50 厘米，宽 40~50 厘米。该方式升温快，10 厘米地温较普通式平均高 2~3℃，因而可早播 5~8 天，提早成熟 10 天左右，但保墒性稍差，须及时浇水，清除杂草。由于地膜很薄，抗风、抗拉能力较塑料棚膜差，覆盖空间较小，气温较高时易灼伤瓜苗，应适时撤除。一般终霜过后 10~15 天，即栽植 20~25 天，瓜苗 4~5 片真叶，蔓长 30 厘米左右撤除小拱棚较好。

3. 先盖天后盖地式　首先做好畦，然后按株距向畦面下挖深 6~10 厘米沟或穴，播种或定植。后直接在畦面上平铺地膜，使播种穴附近形成一小空间，以利瓜苗生长。沟长宽为 10~20 厘米较宜。当西瓜子叶展平后逐渐在瓜苗顶部膜上扎孔或开口放风；2~3 片真叶时用土块顶起地膜，以防子叶贴膜而被烤伤或冻伤；到 3~4 片真叶、外温 15℃ 以上时，从放风口放出瓜苗，同时拔除坑内杂草，并将坑周围土填至坑内，呈锅底坑状，再将原架空地膜落下铺平，用土盖严，以利保温、保墒。该法较遮天盖地式节约架材，但效果稍差。

（二）品种选择

西瓜春露地栽培上市期较设施栽培晚，价格偏低，不宜选用产量较低的早熟品种，而应选增产潜力较大、产量较高的中熟良种，尤应选择适应当地的自然条件、食用习惯、抗逆性较强、大中果型、高产、优质、耐贮运品种。中原地区可选豫艺甜宝、绿之秀、新机遇、豫艺新拳王、龙卷风、庆农 2 号、中汴 1 号、中育 6 号等品种，南方可选新澄、新红宝、湘蜜 1 号、川蜜 1 号等耐阴湿多雨品种。

（三）整地做畦

1. 整地 基肥是西瓜丰产的基础，基肥不足，植株生长势弱，植株抗病性差。瓜田在上年秋作收获后，立即深耕，有条件的可以冻垡。早春解冻后耕耙一次，整平土地。播种或定植前15～20天，按行距2.0～2.5米开挖宽40厘米，深30厘米的瓜沟，沟内施基肥。基肥以农家肥为主，氮、磷、钾合理搭配，不能偏施氮肥，以防旺长疯秧。一般中等肥力的地块，每亩施优质腐熟农家肥2 500千克，加饼肥100千克，三元复合肥30～40千克；重茬地栽培建议每亩施腐熟农家肥4 000～5 000千克，并增施100～300千克生物有机肥（有机质≥45％，有效活菌数≥2亿/克）或1千克哈茨木霉菌剂与基肥、回填土混匀后一起施入瓜沟，进行土壤消毒。为防止地蛆、蝼蛄、蛴螬等地下害虫危害，施入基肥后，喷洒50％辛硫磷1 000倍液，然后粪、土、药充分搅拌均匀。

2. 做畦 北方为便于干旱灌溉，畦面多与地面持平或略高于地面10～15厘米，并分成大小两个畦。小畦即瓜畦，宽60～70厘米，起垄成龟背形，垄面与垄沟差15厘米；大畦即串蔓畦，宽130～140厘米，用于西瓜爬蔓，畦面高与瓜畦垄面持平，以利灌水。

3. 铺设地膜 铺膜前打碎土块，清除畦面秸秆、残根、石块、硬草等，以防扎破地膜。铺膜时以3人操作较好，先在畦（垄）的两侧各开一条深7～10厘米浅沟，然后将卷在光滑木轴上的地膜捆从畦的一头（上风口）将膜展开，先在畦头用土压牢，后向畦另一头滚动展开地膜，随展随两侧压土，注意地膜两边要拉平拉紧，使其紧贴垄面，不留空隙，压于畦两侧压膜沟内，一般压10厘米宽，并用脚踩实，以防被风吹开。到另一头时，再将断开的地膜在畦头压牢即可。在整个操作过程中，尽量不要损伤地膜，一经发现破口，应立即用土封住，但不要压土太多。此外，注意地膜表面洁净，以提高透光率。有条件的可用打垄铺膜机械完成操作，以节省人工。

（四）定植

1. 大田直播

（1）播种时期。早春直播适期应为幼苗出土时刚好当地的终霜期已过，气温稳定在15℃左右时，以防止出苗后瓜苗遭受霜害。河南、山东、河北、天津等地区播种适期为4月10—20日。

小知识：西瓜根系生长与温度关系

土壤温度影响根系和根部有益微生物的活动，特别是影响水分和矿物质的吸收，从而影响叶子的光合作用。西瓜根系生长的最低温度为10℃，最高温度为38℃，最适温度为25～30℃，形成根毛的最低温度为13℃，最高温度为38℃。研究表明，土温在13℃时，主根的伸长仅为32℃时的1/50。因此，西瓜最适宜的种植时间应该是5厘米地温稳定通过15℃时。

(2) 种植密度。合理密植是西瓜丰产优质的关键。西瓜的种植密度一般根据品种、种植季节、栽培方式、整枝方法、土壤肥力和管理技术等因素确定。北方地区多用双蔓整枝，以行距1.8～2.0米，株距50～60厘米，每亩种植600～750株较宜。

(3) 播种。播种前2～3天浸种催芽，方法同育苗部分。一般一畦（垄）播一行，瓜行偏水沟一侧，距畦（垄）边16～18厘米。播种时按株距用瓜铲开一条小播种沟，沟深2厘米，长8～10厘米，逐沟浇水，水渗后每沟播2～3粒种子，芽尖向下，粒距3厘米，薄覆2厘米厚细土，保证播种深度、覆土厚度一致，以利出苗整齐。播后覆盖地膜，铺膜方法同前。幼苗出土后，在幼苗正上方用竹签扎破地膜，使苗顺利长出，同时用湿土压封幼苗根际周围地膜开口。此外，根据情况也可采用先盖膜后播种法，即铺膜后用打孔器在相应播种穴打孔，透过地膜入土2～3厘米深，播种盖土，用细土封严地膜孔。

齐苗壮苗是丰产的基础，直播法把握性较小，安全系数较低，常因种子质量不高、种植方法不当、环境条件不适等造成缺苗，甚至断垄现象。因此，播种时最好在行间空地多播一些，以供补苗之用，补苗时苗龄越小越好。

(4) 间苗定苗。在保证苗全的基础上优选壮苗。幼苗2片真叶刚展开进行第1次间苗，去弱留强，每穴选留两株健壮幼苗；3叶1心时进行第2次间苗、定苗，最好用剪刀修剪或手指掐掉，每穴留一株。

2. 育苗定植 一般在日光温室内育苗，将催过芽的种子播于50孔的穴盘内，具体参考育苗部分。当外界平均气温稳定在14℃以上，膜下5厘米地温稳定在15℃以上时定植。挑选具有2～4片真叶的健壮大苗，定植前一周进行低温锻炼。定植宜选晴暖无风天气，定植后能连续几天气温稳定时进行。

一般情况下定植有两种方法。一是先盖膜后定植。在定植前1天下午，按株距用瓜铲挖一深10～12厘米定植穴，挖出的土应放在畦面一侧。然后穴内灌底水，待水渗下后将瓜苗小心放入栽植穴，用湿细土压封幼苗根际周围地膜开口，定植穴内浇水量视墒情而定，以保证栽苗后可迅速润湿土坨并与瓜畦底墒相接为宜。定植时，要随起苗、随运、随栽，注意轻拿轻放。瓜苗栽入定植穴后，立即用土把定植穴周围缝隙填满，并用手从四周轻轻压实，但勿挤压，以防挤碎基质团伤根。最后覆土将地膜切口盖平，并用少量土封严膜口，为保证苗齐苗壮，可将部分预备苗假植在行间以备补苗用，缺苗时及时补苗，争取全苗。二是先定植后盖膜。即栽苗后再铺膜，在地膜与瓜苗垂直点上方戳破地膜，将瓜苗引出，然后平压地膜。

西瓜育苗定植方法还常因地膜覆盖方式、栽培方式、生产目的等而异。如遮天盖地式和先盖天后盖地式等改良覆膜技术，可利用地膜小棚防霜，因而可提前至终霜前定植。为提高其防霜冻效果，保证西瓜幼苗安全度过终霜期，多采用避风穴改良定植法，一般提前 7～10 天覆盖烤地增温。此外，两种覆盖方式又略有不同，先盖天后盖地或定植时先将膜轻轻撩到定植畦北侧，后用瓜铲在阳坡垄背中上部东、西、北各扎一铲，再用瓜铲从南侧向北下方扎下取土，形成北侧深15 厘米，边长 12 厘米左右的避风穴，然后浇水栽苗。遮天盖地式则扣天膜前先铺好地膜，并将幼苗引出地膜，封严引苗口。遇有寒流，加强覆盖保温。终霜后，露地最低气温 10℃ 以上时，拆除地膜小拱棚，应选无风晴天下午 3～4 时进行，不宜午前进行，以免幼苗萎蔫。

（五）田间管理

1. 杂草防治　瓜田杂草不但会大量消耗土壤中的养分和水分，还会与瓜苗争夺空间和光照，影响西瓜的通风和透光，恶化西瓜的生长条件，诱发多种病害，直接妨碍瓜苗的生长和果实的发育，造成西瓜减产，降低西瓜品质。

西瓜田育苗移栽的，可先用 72％异丙甲草胺 300 倍液封闭瓜垄，然后覆膜、打孔定植；直播的可在西瓜播后出苗前，喷 72％异丙甲草胺 300 倍液封闭瓜垄，然后盖膜，瓜苗出土后及时划破地膜通风，避免造成药害。西瓜定植缓苗后的大田生长期间，对于一年生和多年生禾本科杂草，可在杂草 2～5 叶期选用高效氟吡甲禾灵、精喹禾灵等除草剂进行茎叶喷雾防治。

2. 整枝压蔓　整枝压蔓是整个栽培管理过程中的主要技术环节。目的是为了协调西瓜营养生长和生殖生长的矛盾，减少养分消耗，促使养分在果实与蔓叶中合理分流，更好促进坐果及果实发育的重要措施。

西瓜整枝方式有单蔓整枝、双蔓整枝和三蔓整枝三种，具体应用常因品种、栽植密度，生产方式等而异，一般三蔓整枝多用于稀植、大果型品种。不同地区常用整枝方法也不同。华北、西北地区多采用双蔓整枝；天津、黑龙江则以单蔓整枝居多；南方地区一般用三蔓整枝方式。

（1）单蔓整枝。西瓜抽蔓后，只保留主蔓，侧蔓一律摘除，每株只留一瓜。该方式适于小果型品种及密植早熟栽培。

（2）双蔓整枝。每株除保留主蔓外，在主蔓基部第3～8节处选留主蔓外，其他侧蔓及侧蔓上的副侧蔓全部摘除。主、侧蔓相距30厘米左右，平行向前伸展。一般在主蔓上留瓜，若主蔓未能留住瓜，也可在侧蔓上选留。当瓜坐住，瓜蔓爬满畦面时，可适时摘心以减少养分消耗，促进果实发育。但若植株长势过弱及需选留二茬瓜时可不摘心。北方西瓜地膜覆盖栽培及中型品种多采用该方式。

（3）三蔓整枝。除保留主蔓外，还在主蔓基部或主蔓第7～8节附近各选留一条生长基本一致的侧蔓，其他侧蔓及副蔓全部去掉。但一些生长势较弱的品种如苏蜜1号等在西瓜坐住后再长出的侧蔓也可不去掉，以利长大瓜。三蔓整枝叶蔓旺盛，营养面积大，坐果、选瓜机会多，果实可充分生长发育，适于大果型品种。

3. 倒秧 倒秧又称扳根，是指在西瓜幼苗团棵后，蔓长30～50厘米时，将还处于半直立生长状态的瓜秧按预定方向放倒成匍匐生长的状态，分大扳根和小扳根两种。大扳根法是在瓜苗南侧用瓜铲挖一深、宽各5厘米的小沟，再铲松根部周围土壤，同时，一手持瓜秧根茎交接处，一手抓住主蔓顶端，轻轻扭转瓜苗，向南压倒于沟内，整平根际表土，并用细土封严地膜破口；再于瓜秧北边根颈处封一半圆形小土堆。该法适用于长势较强的品种及沙地西瓜。小扳根法的区别在于，将瓜秧从地下部近根处扳倒，而根颈部仍直立生长，只是将其上部压入地下1～2厘米拍实，留蔓顶端4～7厘米任意继续自然生长，后用土封住地膜破口。此法适用于植株长势较弱的品种及黏土上生长的西瓜。

4. 盘条 盘条是在扳根后，瓜蔓长至40～50厘米时，将西瓜主蔓和侧蔓（双蔓整枝）分别先引向植株根际左右斜后方，并弯曲成半圆形，使瓜蔓龙头再回转朝向前方，将瓜蔓压入土中。一般主蔓较长，弯曲弧度大些；侧蔓短，则弯曲弧度小些，使主侧蔓齐头并进。盘条要及时进行，过晚则盘条部分叶片已长大，盘条后瓜蔓弯曲处叶片紊乱，拥挤重叠，长时间难以恢复正常，对生长和坐瓜不利。由于适当盘条可缩短西瓜的行距，宜适当密植，同时能缓和植株长势，使主侧蔓整齐一致，便于管理，故广泛应用于露地中、晚熟西瓜栽培。

5. 压蔓 压蔓可以固定植株，防止大风吹翻茎蔓，损伤秧蔓及幼瓜。压入土中的茎节上可促发不定根，扩大根系吸收面积，增强吸肥能力；同时，保证茎叶在田间分布均匀，充分利用光照提高光能利用率。从而使茎叶积聚更多的养分而变粗加厚，有效抑制徒长，使养分和水分集中供应果实生长，更好地协调营养生长和生殖生长间的平衡。压蔓分明压、暗压、压阴阳蔓三种方式。

（1）明压法。明压法又称明刀、压土坷垃法，即先轻轻把瓜蔓提起，用瓜铲将下面土壤打碎、整平，后将瓜蔓放下拉直，用事先备好的土块压于茎蔓节间，以后每隔20～30厘米压一土块，现在基本上都用压蔓夹固定。该法对植株生长影响较小，适于早熟、生长势较弱的品种，以及土质黏重、雨水较多、地下水位高的地区，而在风大、沙土地区不宜使用。

（2）暗压法。暗压法即压闷刀，是连续将一定长度的瓜蔓全部压入土内，又称压阴蔓。具体做法：先将待压蔓地面松土拍平，后挖一个深8～10厘米、宽3～5厘米的小沟，将蔓理顺、拉直、埋入沟内，只露出叶片和生长点，覆土拍实。该法可有效控制植株长势，对生长势较旺、易徒长的品种效果良好，尤其适用于沙性土壤、丘陵坡地栽培。但要求压蔓技术性较强，费工费时。

（3）压阴阳蔓法。将瓜蔓隔一段埋入土中一段，称为压阴阳蔓法。具体方法：先将待压蔓处土壤松土拍平，左手提住瓜蔓压蔓节，右手将瓜铲横立切下，挤压出一条沟槽，深度为6～8厘米，左手拉直瓜蔓，把压蔓节顺放沟内，填实沟土，以后每隔30～40厘米压一次。该法适用于平原或低洼地栽培。

三种压蔓法选择，应根据栽培地区、种植品种、土壤特性、生产目的、栽植方式等来确定。西瓜地膜覆盖栽培压蔓应明暗结合，即当蔓长35厘米左右时压第一刀，此时茎蔓仍在地膜上，应用土块明压，不能划破地膜暗压；瓜蔓爬出地膜后再压一刀即第二刀暗压；以后在串蔓畦每隔4～6节暗压一刀。但坐瓜节位雌花附近1～2节不要压入土内，以免影响果实生长，且便于翻瓜。无论何种压蔓方式均有轻压、重压之分。轻压对瓜蔓生长影响较小，可使瓜蔓继续快速生长，但较细弱；重压则抑制瓜蔓生长作用较强，叶厚蔓壮。生长势旺盛品种可重压，徒长植株秧蔓长到一定长度可将秧头埋住，以利壮秧。

不同生长期有轻有重，轻重结合，可有效控制住西瓜生长发育。北方地区西瓜抽蔓期正植早期，风沙大，温度高，为促进多发不定根，扩大根系面积，增强吸水能力，宜用重压，以防风固秧。为确保子房免受损伤，雌花着生节位及前后几节均不能压蔓，应避开。为促进坐果，雌花节至根段宜轻压，以利功能叶制造养分向前运输；而雌花节到顶端的2～3节应重压，以控制养分流向生长点引起营养生长过旺。压蔓轻重一般应掌握头刀紧、二刀狠、第三刀开始留瓜，同时压侧蔓的原则。压蔓最好中午前后进行，以免折断瓜蔓。

6. 适时浇水

（1）幼苗期水分管理。地膜覆盖在灌足底水基础上，一般不再浇水。若天气特别干旱，叶色由浅变深，叶片向内合拢，叶缘向上卷缩，表明幼苗缺水，应及时灌水。一般应于上午用喷壶在放风口点小水。

（2）抽蔓期水分管理。抽蔓前期结合抽蔓肥适量灌水，以促进瓜秧生长。最好选晴天上午进行，下午封沟。灌水以土壤见干见湿为原则，且只浇瓜畦。此时，若植株"龙头"平伸或下垂，"龙头"处小叶内卷且并拢，叶色发暗，表明缺水；相反，若"龙头"上翘，顶叶叶缘色淡黄，成龄叶舒展具光泽，表明水分过多。抽蔓后期，临近花开时控制浇水，促进坐果。

（3）膨瓜期水分管理。当瓜坐住，并进入膨瓜期后，应增加灌水次数和灌水量。一般每3～4天灌一次水，始终保持土壤湿润，且瓜畦和串蔓畦同时浇水。此时，缺水会造成西瓜皮过早老化，而不"发个"；若灌水过多或土壤忽干忽湿，常出现裂果。西瓜"定个"后，生长缓慢，可减少浇水，收获前6～8天停止浇水，以促进果实糖分的积累。

7. 合理追肥

（1）提苗肥。在底肥充足、土壤肥沃时，可不追提苗肥。但在河滩沙地，土壤肥力不足时，应适当追肥。此时，直播瓜苗2～3片真叶，移栽苗4～5片真叶，进行第一次追肥。可在幼苗四周距苗16～18厘米处划一环形浅沟，沟内每亩追施尿素5千克左右。现在有条件的地方多用水溶肥，随水冲施。

（2）抽蔓肥。西瓜蔓长35厘米左右时，进行第二次追肥。每亩施复合肥为15～20千克。

（3）催果肥。当正常结瓜节位幼果长到鸡蛋大时，果实开始迅速膨大，需进行第3次追肥。此时正值西瓜吸肥高峰，应以磷、钾肥为主，配合氮肥重施，以促进果实膨大，并维持同化叶面积，防止早衰。每亩可直接施入三元复合肥25～35千克，顺水冲施或先撒施再灌水。注意此期氮肥不可过量，以免造成西瓜皮厚、味酸，品质变劣。

（4）叶面肥。地膜覆盖栽培西瓜植株后期易出现脱肥黄化现象，尤以沙地、河滩地最为严重。可在生长后期根外追施0.3%尿素和0.2%磷酸二氢钾补充肥源；若兼收二茬瓜，在头茬瓜收后，结合浇水，每亩追三元复合肥15千克，以防止叶蔓早衰，促进二茬瓜膨大。

8. 人工辅助授粉 为保证坐瓜，需进行人工辅助授粉。在开花后每天早上7时半至9时选饱满的雌花和雄花进行授粉，雄花宜选瓜蔓长势中等，花朵大而鲜艳，花药发达，花粉较多者授粉；雌花则是子房粗且长，花朵大，花柄粗长弯曲者，授粉后易坐瓜，且长成大瓜、好瓜概率大。授粉后在花柄处挂牌或系不同颜色的线做好授粉日期标记，以便于日后判断成熟度并适时采收。授粉期间遇到阴雨天多时，用 0.1%氯吡脲 200 倍液蘸瓜胎促进坐瓜；瓜秧疯长时，蘸瓜胎配合主蔓摘心同时进行，可明显提高坐瓜率。

9. 坐瓜管理　地膜覆盖以中晚熟、中大型品种为主，要求瓜大丰产，一株一瓜为宜。一般主蔓上第 1 雌花结的瓜果小、皮厚、易空心、多畸形、商品性低，应及时摘除。中晚熟品种优先选留主蔓上第 2～3 个雌花结的瓜，主蔓上留不住时再从侧蔓上再选留一花期相近的雌花留作预备瓜，待幼瓜长到鸡蛋大小后，一般不再化瓜，可选留定瓜。定瓜时应选择子房肥大，瓜形正常呈椭圆形，瓜柄中等而弯曲，皮色鲜艳发亮的幼瓜。兼收二茬瓜者，应在头茬瓜已长大接近成熟时再选留，以免互相影响。

西瓜幼瓜长至拳头大时，将瓜顺直平放，称顺瓜。为促进果实生长周正，防止污染及雨水浸泡，减轻病虫危害，应在果实下面垫上草圈或麦草，叫做垫瓜。果实"定个"后，每隔 3～4 天把果实按同一方向拨动 1 次，转动 2～3 次，使瓜皮各部受光均匀，以利果皮着色及果实生长均匀，称翻瓜。翻瓜应在傍晚进行，清晨、雨后及浇水后不宜翻瓜，以免断柄落果；若遇阴雨天，可适当增加翻瓜次数。

（六）采收

西瓜采收期因品种、栽培季节、种植方式、供应期等不同而有所差别，可参考以下几方面因素，作为采收依据。①卷须。坐果节卷须从尖端起 1/3 干枯可作为西瓜成熟适宜标志，但应区别由于机械损伤引起的干枯。②果形皮色。果实成熟时，膨大停止，果梗茸毛消失，着花部位凹陷；果皮富有光泽，果面条纹和网纹鲜明，尤其是触地部位呈鲜明黄色。③果实弹力。成熟果实用手指压其蒂部感到有弹力，稍用力即有果肉开裂的感觉。用一只手托住瓜，另一只手敲弹瓜体，声音清脆为生瓜，声音沉稳、有弹性、稍浑浊的为熟瓜，声音沙哑的为过熟瓜或空心瓜。但现在应用最多的还是以果实发育时间为主要标准，在授粉时进行标记，达到果实成熟期时集中采收。

📚案　例

西瓜燕形整枝

河南省确山县瓜农根据当地条件，探索西瓜整枝方式，形成了燕形整枝方式，即将植株在田间按一定方向呈燕形伸展，使蔓叶尽量均匀地占有地面，以便形成一个合理的群体结构。该整枝方式只调整主蔓方向，保留所有侧枝，对主蔓、侧蔓不摘心，不压蔓。

经过连续 5 年示范显示，与双蔓整枝或三蔓整枝相比省工 70%，明显节省了劳动力成本。

1. 品种选择 选择生长势强，抗病虫害，适于粗放管理的优良品种。

2. 重视基肥 每亩施用 4 000 千克腐熟有机肥，70～80 千克复合肥，10～15 千克尿素，少追肥或不追肥。

3. 合理稀植 瓜行距 2 米，株距 80～90 厘米，每亩种植 400 株左右。

4. 燕形整枝 调整主蔓方向与瓜畦成 30°～45°角，使坐瓜部位位于瓜畦上。主蔓的 6～8 个侧蔓在主蔓两侧依次排列，呈燕子翅膀形状。

5. 适时留瓜 留瓜部位距瓜根 1.4 米左右（第 3 雌花），幼瓜在拳头大小至碗口大小时定瓜，1 株只留 1 个瓜。

二、 夏播西瓜栽培技术

在北方地区，夏播西瓜一般是指麦收前后播种的西瓜。一般于 5 月底或者 6 月上、中旬播种，7 月中旬开花坐果，8 月中旬就可收获。此茬西瓜生育期气温升高，雨水多，栽培管理上必须严谨。

（一）品种选择

夏播西瓜上市季节正是西瓜的淡季，价格较好。但生育期正值北方地区高温、多雨，或者高温、干旱季节，病虫危害严重，除枯萎病、病毒病、白粉病发病严重外，蚜虫危害也比较严重，所以这茬西瓜对品种要求特别严格。要求栽培的品种必须具备抗病性强、耐湿、耐高温、生长势强，特别是对病毒病要有一定抗性，才能适于夏播。龙卷风、开杂 2 号、绿之秀等是近年河南地区种植较多的品种，丰收 2 号、丰收 3 号、新澄等也较为适宜。此外，夏播品种还要求果实大、膨瓜速度快、不容易裂果、可溶性固形物含量高。未经试验的品种不能用于夏播栽培。

（二）整地做畦

麦茬西瓜的生长期处在强光、高温、多雨季节容易受到病虫危害和水涝灾害，一般采用小高垄栽培。在前茬收获后，立即深耕耙平，按 1.7～1.8 米的行距开定植沟，沟内施足基肥；或将肥料撒在 50～60 厘米种植带，用小型旋耕耙旋耕两遍，使土、肥掺匀，然后起垄做畦。根据栽培方式，垄可分为单行小垄和双行宽垄，具体要求如下。

（1）单行栽培。机器起垄，垄背高 15～20 厘米，垄面宽 15 厘米，底宽 30～50 厘米。采用铺膜机铺膜，一膜一管，铺膜时带一小开沟器，开 5～10 厘米的小沟，将滴灌带放入。

（2）双行栽培。垄背高 15～20 厘米，垄面宽 50 厘米，底宽 60～80 厘米，垄距 3.0～3.4 米。两小垄间开浇水沟或铺设滴灌带，两行西瓜相距 25～30 厘米，双向爬蔓。

（三）育苗定植

1. 育苗　夏季天气多变，雨水较多，应提前进行育苗，土地整好后再移栽定植。有条件的在塑料大棚或日光温室等有遮阳条件的设施内进行基质育苗。若条件不允许可将苗床设在地势高燥、通风良好的地方，搭设小拱棚，覆盖防雨膜和遮阳网，小拱棚两边通风，采用传统的营养钵育苗。此茬西瓜部分地区仍以直播为主，一般 5 月底 6 月初播种，也可在小麦收获后贴茬直播。

育苗时，晴天上午 10 时到下午 3 时，苗床用草帘或遮阳网等覆盖，以防强光暴晒。出苗前保持基质或营养钵湿润，出苗后尽量不浇或少浇水，防止幼苗徒长。此外，还应注意防蚜，以免幼苗感染病毒病。

2. 定植　移栽苗龄不宜过大，15～20 天为宜，2 叶 1 心或 3 叶。移栽前 5～7 天进行炼苗即晚上揭开薄膜，但要注意防雨。定植时按 40～50 厘米的株距挖好定植穴，定植穴深 10 厘米、直径 10 厘米左右，也可用移苗器直接在地膜上按株距打孔移栽，每亩需苗量在 750～800 株。移栽的当天以下午为好，避免晴空当午的阳光暴晒，影响移栽成活率，移栽后 3～5 天注意遮阳。

3. 覆膜　夏播西瓜生育期间高温多雨，易发生各种病虫害，特别是易遭受蚜虫危害。蚜虫除可直接吸食西瓜叶片和嫩茎中的汁液，致使叶片卷缩、畸形、植株发育迟缓外，还传播西瓜病毒病，对西瓜造成更大危害。为了驱避蚜虫、减轻病毒病危害，建议覆盖银灰色反光地膜，但定植口要大，前期适当遮阳，以免造成烧苗。

（四）田间管理

1. 施肥　麦茬西瓜生育期内雨水多，容易造成肥料的流失和淋溶。基肥要以长效性的有机肥为主，用量要足。一般每亩施用优质腐熟有机肥 4 000～5 000 千克，三元复合肥 20～30 千克。

在施足基肥的基础上，前期（西瓜坐果有拳头大小前）一般不追肥浇水，注意控肥控水，尽量少施或不施追肥，防止植株徒长。以后可追施速效化肥并注意增施磷、钾肥，促进瓜体的膨大生长，每亩施用三元复合肥 25～30 千克。

2. 浇水与排涝　夏播西瓜因生长期间雨水较多，西瓜根系极不耐水涝，遭水淹后，很容易造成根系缺氧而导致植株死亡。每次大雨后要及时到田间检查，一般要求降雨时畦面不积水，雨停后沟内积水很快能够排泄干净。若长时间不下雨，持续高温，水分蒸发量大，造成干旱，须及时浇水，避免因缺水使西瓜植株生长不良，遭受蚜虫和病毒病危害。

3. 整枝压蔓　在西瓜移栽后 10～15 天开始整枝，可采用双蔓或三蔓整枝。在长势良好的地块，以三蔓整枝方式最好。

压蔓根据西瓜长势采取不同的方式。开花坐果期如果植株生长过旺，为保证坐果，可在坐果雌花前 3～5 节用暗压法重压一刀，或者搁尖（把秧蔓顶端埋起来）。但西瓜夏播栽培因雨水多、田间湿度大，采用暗压法压蔓时易造成伤口，感染病害。因此，现在都是采用压蔓夹或明压法压蔓，一般压蔓 2～4 次，幼瓜坐稳后即不再压蔓。

4. 人工授粉　夏播西瓜若开花坐果期遇阴雨天气，则难以授粉坐果。一方面，阴雨天气蜜蜂等传粉昆虫很少出来活动；另一方面，雨水多，极易冲去雌花柱头上的花粉或使花粉破裂失去发芽能力，难以完成受精过程。应根据天气预报和当地的天气情况，在降雨之前的下午或傍晚 将翌日开放的雌花和雄花用纸帽套住，或用塑料薄膜盖住，第二天早晨开花时取下纸帽进行人工授粉，授粉完毕，仍将雌花用纸帽或塑料薄膜盖上。盖纸帽 3 天后及时摘除，以免影响果实膨大。

5. 留瓜　夏播西瓜苗期正处于温度较高、降雨较多的夏初季节，植株生长较快，节间较长，雌花出现晚，坐瓜位置一般离根部较远。如果栽培管理不当，很容易徒长和化瓜。宜选留第 12～15 节的雌花坐瓜。

6. 铺草保瓜　夏播西瓜在高温多雨、日照强烈条件下，易发生日烧病和烂果，须采取护瓜措施。幼瓜长到拳头大小时，结合压蔓，在幼瓜生长部位用瓜铲将土面拍成具有一定斜坡的平滑土台，使幼瓜在土台上生长，防止幼瓜因降雨过多被浸泡。同时，为了防止烈日晒瓜，在膨瓜后期至果实成熟阶段，应在瓜上盖草或树叶遮阳，也可将瓜蔓盘于瓜顶上将瓜盖住，防晒护瓜。

（五）采收

采瓜前 1 周停止灌水，一般清晨采摘有利贮藏，切忌在烈日下气温高时采收。采摘时要轻拿轻放，防止造成外伤和内伤。采下的瓜应及时运走，来不及运走的要放在阴凉干燥处。

思考与训练

1. 露地西瓜地膜覆盖方式有哪些？
2. 整枝压蔓的方式有哪三种？如何操作？
3. 夏播西瓜的主要栽培技术有哪些？

模块五
设施西瓜栽培技术

了解不同设施西瓜栽培方式，学会小棚双模栽培技术，掌握大棚西瓜栽培技术，能进行礼品西瓜栽培。

一、 小棚双膜栽培技术

小拱棚加地膜双层覆盖栽培模式是将西瓜的生育期安排在气候条件最适宜的季节，具有省工省时、生产成本低、方便间作套种、效益高等突出优点，是目前普遍推广应用的西瓜早熟栽培方式。

（一）品种选择

小棚双膜栽培多为早春提前栽培，在品种选择上选用早熟、耐低温、耐弱光、抗病、商品性好、品质佳、耐运输的品种，如京欣1号、京欣2号、金钟冠龙、郑杂5号、金花宝、百丰3号，也可用黑蜜2号、华夏2号等无籽西瓜品种。

（二）培育壮苗

不同地区，不同设施条件育苗时间不同。在河南地区，一般2月底至3月上中旬在塑料大棚或日光温室内育苗。根据嫁接与否，又可分为常规育苗和嫁接育苗两种方式。

1. 常规育苗 选取从未种过瓜菜的园土，过筛后，按70%田园土、30%腐熟农家肥配制成营养土。为避免营养不足和病虫害发生，每立方米营养土加入 1 千克硫酸钾型三元复合肥、50～100 克 50％多菌灵可湿性粉剂混匀，用塑料薄膜盖严，捂盖 5～7 天后装入 10 厘米×10 厘米的营养钵中，浇透水备用。

将处理后的种子播种于营养钵中，每钵播种 1 粒，然后覆盖 1 厘米厚营养土，并覆盖地膜扣严棚膜。出苗前以防冻保温为主，白天床温保持在 28～30℃，夜间加盖草帘，床温保持在 18℃以上。出苗后，适当降温，预防幼苗徒长。第一片真叶展开后，适当提温保苗，防止白天高温伤苗。瓜苗 4 片真叶时，进行蹲苗和低温炼苗，促使瓜苗健壮。

2. 嫁接育苗 生产上农户一般采用靠接法嫁接，该方式简单、嫁接成活率较高。工厂化育苗企业多采用插接法嫁接，该方式嫁接速度快，节省人工。具体操作参考嫁接育苗章节。农户不像育苗企业那样具有加温设备，可采取地热线加热。具体管理方法如下：

播种后 1～3 天，全天通电，使床温保持 25～30℃；苗顶土时间断供电，白天停，夜间通电，床温保持 23～25℃，苗出齐时将地膜撤去；瓜苗出土至第 1 片真叶展开前，苗床要保持适度的低温，白天温度为 20～25℃，夜间温度为 10～15℃；第 1 片真叶展开后，白天温度提高到 25～30℃，夜间温度提高到 12～15℃；定植前 5～7 天对瓜苗进行低温锻炼，白天温度先由 25～30℃降到 20～25℃，后 3 天再降到 20℃左右，夜间温度由 15℃渐降到 10℃左右，还可以在晴天上午日出前给瓜苗 2～3 小时 6～8℃的低温处理。

（三）整地定植

双膜覆盖栽培的西瓜苗移栽季节比较早，外界气温比较低，一般要求在栽植前 10 天完成整地、施肥和做畦，移栽前的 3～5 天盖好地膜以提高地温。种植畦南北走向，减少春季西北风造成的风沙危害。

1. 施肥整地 每亩施腐熟有机肥 3 000～4 000 千克，三元复合肥 30 千克，采用平畦栽培或起垄栽培。平畦栽培 2.0～2.2 米为 1 条种植带，种植畦宽 70 厘米左右，坐瓜畦 1.3～1.5 米，瓜沟深 30 厘米；起垄栽培将种植畦耙成坡度 15°～20°的两个龟背形畦，两畦间开浇水沟或铺设滴灌带，两行西瓜相距 25～30 厘米，双向爬蔓，每亩栽植 750～850 株。

2. 小拱棚搭建 畦作好后，覆盖地膜，然后用长 2.2 米、宽 1.5 厘米竹竿或 68 毫米的钢筋等材料，弯成拱形或半圆形，棚高 60～70 厘米，跨度 120～140 厘米，上扣厚度 0.03 毫米、宽 2.2 米的小拱棚膜。此外，可根据不同地区、不同种植时间，采取夜间加盖草苫或不加盖草苫两种方式。小拱棚夜间加盖草苫，棚内温度比不加草苫的高 5～6℃，可提早上市。

3. 定植 3 月下旬至 4 月初，播种后 30～35 天，瓜苗长到 3 叶 1 心时及时定植。定植移栽前 5～7 天炼苗，定植前 1 天瓜苗喷施 0.3%～0.5%尿素作根外追肥，同时喷施 70%甲基硫菌灵 800 倍液，使瓜苗带药带肥进入大田，阻断病虫害通过幼苗传入田间。选天气晴暖的上午 10 时后至下午 3 时前进行移栽，做到随栽，随浇水，随封土，随扣棚。

（四）定植后的管理

1. 温、湿度管理 由于双膜覆盖栽培的瓜苗移栽早，外界气温较低，主要依靠棚膜、地膜的覆盖来创造适宜西瓜生长的温度环境。但因拱棚的空间较小，在晴天中午气温可达 40℃以上，易造成高温危害；而遇到阴雨天寒流时棚内温度会大幅度下降，很容易出现寒害。因此，必须加强扣棚期间的保温和通风等管理。

一般在移栽后 3～5 天内不用通风，以提高地温和气温有利于西瓜缓苗，以后随着天气的变化，棚温渐高，可以开始逐渐通风。一般要求拱棚内的高温不能超过 35℃，低温不能低于 10℃，当棚温达到 35℃以上时应及时通风降温，傍晚要及时关闭通风口，以保棚温。

4 月中旬后，视天气情况（或小拱棚内上午气温 30℃时）扎孔放风，先期可隔 1 株扎 1 个放风口，以后随外界气温升高，放风口逐渐加大加密至每株 1 个放风口。放风口应正对幼苗，在瓜蔓即将伸展的方向，并尽量靠近地面，以减少水分散失。4 月下旬引蔓出棚，5 月上旬撤去小拱棚，按一般地膜栽培管理。

2. 瓜蔓及幼果管理 若采取稀植栽培，可不整枝压蔓，只需将同株的瓜蔓聚拢，朝同一方向摆放。也可采用双蔓整枝，即幼苗长到 4～5 片真叶时，选留两条健壮的蔓，然后用土将两蔓轻轻压向爬蔓方向，当瓜蔓长到 40 厘米时压第 1 次蔓（用小铲在地面挖 3～4 厘米深坑，将蔓放入坑底，用土压实），以后每隔 40 厘米长压 1 次，坐果节位前 20～25 厘米，坐果节位后 25～30 厘米处各压一道，前后压 5～6 次即可，注意不能伤及茎叶及错开结瓜部位。

3. 人工辅助授粉 第 2 朵雌花开放时，每日上午 6—9 时人工辅助授粉，无籽西瓜应将节位适宜的雌花（第 3、4 朵）全部授粉，增加单株坐瓜数，便于后期选瓜和定瓜。幼果坐稳后（幼果鸡蛋大小时）及时选果定果，每株留 1 个节位适当、外形周正的幼果。节位相同、大小基本一致的幼果，以主蔓或长势较壮的侧蔓留果为主。

> **小知识：氯吡脲（座瓜灵）应用技术**
>
> 采用适当浓度的氯吡脲处理西瓜，可以促进坐瓜一致性，省时省工。
>
> 一般于雌花开花当天或开花前1天的早上露水干后或下午4时后喷1次瓜胎，也可采用毛笔浸蘸氯吡脲药液均匀涂抹整个瓜胎。使用的时候注意环境温度，环境温度高于31℃以上时禁用。
>
> 使用氯吡脲后，整个果实生长速度明显加快，果实能很快达到商品瓜大小，在采收时候，尽量等果实完全成熟时进行采收，以免采收过早影响西瓜品质。

4. 肥水管理　在4月中旬施催蔓肥，并及时通风炼苗。果实生长前期不用追肥，在果实膨大期，每亩追施高钾复合肥20～25千克，多用施肥器在距根30厘米左右穴施，同时浇水。此后，若干旱，可6～7天浇1次小水，在收获前10天停止浇水，同时注意病虫害的及时防治。

（五）采收上市

早熟品种一般在授粉后28～30天成熟，品质好，应及时采收，忌施用催熟剂。外销者可于果实八九成熟时集中采收。

二、 大棚西瓜栽培技术

大棚西瓜栽培（图5-1）是目前我国栽培面积最大、投资较大、集约化生产最多、技术性最强的栽培模式，必须科学种植，采用配套的综合管理措施，才能达到早熟、丰产、高回报。

图5-1　大棚西瓜栽培

（一）大棚骨架及栽培模式

各地的大棚规格不同，目前使用较多的是长 50～80 米、宽 4.5 米、高 1.7 米，其次是长 50～100 米、宽 8 米、高 2.8 米。前者骨架由 5 厘米宽毛竹片作拱、木棍作支撑，两边 80 厘米处各绑一道元竹连接竹片，使整棚一致牢固，覆盖无滴膜或流滴长寿膜，每棚一整块膜，两边用土压紧实。后者多由 DN25 热镀锌钢管、壁厚 3.2 毫米以上的拱杆，和壁厚 2.8 毫米以上、DN15 热镀锌钢管作为横拉杆、斜撑杆等组装而成。棚内铺地膜，膜下铺滴灌带。

栽培模式有大棚膜＋中棚膜＋小拱棚膜＋地膜的 4 层覆盖栽培模式，大棚膜＋小拱棚膜＋草毡＋地膜的 4 层覆盖栽培模式，大棚膜＋小拱棚膜＋地膜的 3 层覆盖栽培模式和大棚膜＋地膜的 2 层覆盖栽培模式。早熟栽培应选择 4 层覆盖栽培，2 层覆盖栽培尽管提高地温效果比露地栽培的好，但成熟和采收时间比 3 层和 4 层覆盖栽培要晚很多。

（二）品种选择

早春大棚西瓜高效栽培要根据市场的需求、当地自然条件和栽培方式选择适当的品种。早春大棚西瓜栽培大多选择花皮圆果类型的早熟品种，如京欣系列、甜王系列、吉祥 2 号、早佳 8424、天骄 3 号、豫园世佳、超越梦想等品种，砧木可选用葫芦或西瓜专用砧木。

（三）整地育苗

1. 整地 一般跨度 4.5 米的塑料棚，在距左右棚边 1 米处定植 2 行，株距 60～70 厘米；跨度 8 米的塑料棚，亦是在距左右棚边 1 米处定植 2 行，棚中间起宽垄，种植 2 行，共种植 4 行。

根据不同种植情况，开设丰产沟。丰产沟宽 40～50 厘米，深 30～40 厘米，畦面高 10～15 厘米，畦面宽 60～80 厘米。每亩施腐熟有机肥 4 000～4 500 千克，饼肥 60～100 千克，磷肥 30 千克，三元复合肥 50 千克，全部施入沟内，土壤充分翻匀后，浇足底水做成龟背畦，铺设滴灌带，铺好地膜，吊两层膜，提高棚温、地温。

2. 播种育苗

（1）育苗时间。各地育苗时间不一，早春大棚西瓜在河南一般 1 月中旬至 2 月上旬播种育苗，如果所在地区纬度较河南增加可适当延迟育苗，纬度较河南降低可适当提前育苗。早春大棚西瓜育苗期，外界气温较低，可以采用加温温室，或者用日光温室地热线育苗。近十年来主要采用嫁接育苗，具体操作参考嫁接育苗章节。

（2）播种。播前晒种、浸种和催芽，芽长 0.2～0.3 厘米时播种。有籽西瓜在 28～32℃下催芽，无籽西瓜在 30～32℃的温度下进行催芽，催芽时不见光。

播前 3 天密闭大棚，同时苗床浇透水，平盖 1 层地膜，以提高苗床温度。播种时先揭去薄膜，种芽向下平放在钵中间，覆土 1.0～1.5 厘米。砧木播种期应根据嫁接方法的不同而定。采用靠接法嫁接，砧木需在西瓜种子播种后 2～3 天播种；采用插接法，砧木应比接穗提前 3～5 天播种。砧木覆土厚度 2 厘米。不论是砧木床或接穗床，覆土后均应在畦面上喷洒一遍 50％的多菌灵 500 倍液预防病害，然后再盖膜。嫁接后为提高温度和湿度还可在苗床上搭建小拱棚。

（四）合理定植

定植前一周要逐步降温炼苗，定植前 1 天浇足水，用 600 倍百菌清和 5 000 倍吡虫啉喷苗预防病虫害发生。河南地区一般 2 月下旬至 3 月上旬进行定植，苗龄 3～4 片真叶。栽植密度根据品种和整枝方式的不同而定，早熟品种每亩栽植 800 株左右，中晚熟品种每亩栽植 600 株，无籽西瓜品种每亩栽植 600 株。苗定植完后，立即加盖小拱棚，加强保护，提高温湿度，以防冻害和太阳晒苗。定植时应保证幼苗茎叶和根系所带营养土块完整，定植深度应使嫁接苗接口高出土面 1～2 厘米，栽植宜浅不宜深。

定植后 3 天尽量不放风，不揭小拱棚，以提高棚内气温和地温，促使瓜苗早愈伤、早发新根。定植 3 天后，可在晴天白天揭除棚内小拱棚膜，降低棚内湿度。7 天后大棚进入正常管理，但尽量少放风或不放风，白天小拱棚揭开，晚上盖好，棚内温度 25～28℃，夜间尽量保持在 15℃左右。如果此时遇到强降温，在条件允许的情况下要加盖草苫等防寒物。

（五）田间管理

1. 大棚管理　大棚内具有适宜温湿度是确保西瓜丰收的前提。要做好大棚管理，防风防损，经常检查大棚压膜是否坚实牢固，发现问题及时补修。特别在大风及雨雪天气，要勤查勤看，以防风鼓膜和雨雪压塌棚。此外，根据天气情况及时放风排湿降温；关闭放风口，覆盖小拱棚保温防冻；当外界气温稳定在 10℃以上时撤去小拱棚；气温稳定在 15℃以上时，夜间撤掉两头挡风膜。要求平时棚内温度白天 25～28℃，夜间 15～18℃，相对湿度 75％左右。

2. 整枝压蔓　通常以双蔓整枝或三蔓整枝为主，双蔓整枝通常在定植后 30

天左右进行，当蔓长到 40～50 厘米时，除主蔓外选留 1 个健壮侧枝；三蔓整枝则是留取 2 个健壮侧枝。坐瓜后，在坐瓜节位以上留 10 片叶以上摘心。

3. 肥水管理　按照"轻施苗肥、先促后控、巧施伸蔓肥"的原则，坐住幼果后重施膨瓜肥。缓苗后，如果地面不干，可以不浇水，此后保持地面见干见湿，节制灌水，提高地温，使瓜秧健壮。伸蔓期每亩施尿素 15 千克，硫酸钾7.5 千克，结合伸蔓水追施。当瓜胎长到鸡蛋大小时，即进入膨瓜期，此时需大水大肥，每亩施尿素 20 千克，硫酸钾 15 千克。施膨果水肥后，土壤要保持湿润状态，不要忽干忽湿，同时补施必要的中微量元素，如钙、铁、锰、锌、铜、硼等，增施氨基酸活性肥。

（六）人工辅助授粉

由于棚内西瓜的开花习性，应在上午 8—9 时进行授粉。阴天授粉时间因开花晚而推迟到 9—11 时。采用当天开放且正散粉的新鲜雄花，用手将花瓣向花柄方向捏住，然后将雄蕊对准雌花的柱头，轻轻蘸几下即可。1 朵雄花可授2～3 朵雌花。

（七）采收上市

大棚西瓜早熟品种一般坐瓜后 28 天左右成熟，中晚熟品种坐瓜后 35 天左右成熟。西瓜采收时间应严格按照授粉时标记过的开花授粉时间和西瓜成熟时间确定，以防出现生瓜上市。

案　例

西瓜一种双收技术

一种双收是指在大棚内第 1 茬西瓜采收后，将老蔓剪除，使其再生，并获得第 2 茬西瓜的技术。一般 1 月上中旬育苗，2 月中旬定植，5 月上旬采收第 1 茬瓜，6 月下旬至 7 月上旬采收第 2 茬瓜。

1. 品种选择　选择早熟、高产、优质的杂交一代品种，如京欣系列、甜王系列等。

2. 育苗　采用嫁接育苗，葫芦作砧木，插接法嫁接。

3. 栽培管理　嫁接后 35 天左右，3 叶 1 心时单沟起垄定植，每亩栽培 700～800 株。定植后覆盖地膜，加盖小拱棚，白天气温保持 28～32℃，夜间保持 15℃以上，地温保持在 18℃以上。一般不浇水、不通风。若出现干旱，适当浇小水，忌浇大水。

缓苗后坐瓜前适当通风，增加光照。每亩追施复合肥20千克，促茎蔓生长和花芽分化。当瓜蔓长到40厘米长时去掉小拱棚。第1雌花开放时，控制浇水施肥。盛花期，夜温保持20℃左右。坐果后，保持白天棚内气温30℃左右，夜间15～20℃。西瓜鸡蛋大时，进行第2次追肥，每亩施复合肥40～50千克。

4. 二茬西瓜　在第1茬瓜采收后，剪除老蔓，每亩追施40千克复合肥并浇水。1周后，枝蔓可重新生长，此时要进行整枝打杈，每株留1条瓜蔓。田间管理同第1茬西瓜。

5. 人工授粉　上午8—10时，采摘刚开放雄花，去掉花瓣，露出雄蕊，手持雄蕊在雌花柱头上轻轻涂抹，一朵雄花可授3～4朵雌花。

三、　温室西瓜栽培技术

北方地区早春阴雨少、光照充足，特别是3—5月，日光温室西瓜2月中下旬定植，环境条件对生长西瓜比较适宜，4月下旬开始采收，销路好、效益高。

定植管理

（一）品种选择

选择耐低温、弱光、抗逆性强、主蔓雌花出现节位低、结果力强、甜度高、早熟的小西瓜品种，如黑美人、华晶3号、新秀、小兰、京欣2号、京欣3号等。

（二）播种育苗

12月下旬至1月初播种，将催芽的种子播种于50孔穴盘中，浇透水，采用薄膜覆盖。播种后白天温度保持为28～30℃，夜间温度保持为18～20℃。待70%的种子露头时，揭去薄膜，喷施600倍液的25%嘧菌酯乳油或800倍液的72.2%霜霉威盐酸盐水剂，预防猝倒病、立枯病等苗期病害。

（三）整地定植

1. 整地做畦　每亩施腐熟有机肥3 000～4 000千克、过磷酸钙50千克、硫酸钾25千克。深耕细耙，整平起垄，垄宽70厘米、垄距50厘米、垄高20厘米，之后用枯草芽孢杆菌可湿性粉剂拌药土撒施于沟畦中，预防西瓜枯萎病的发生。

2. 合理定植　2月中旬左右，瓜苗具有4～5片真叶时，选晴天上午进行定植，定植前剔除残弱病苗，选择健壮的瓜苗用药液 25％嘧菌酯 20 毫升＋精甲·咯菌腈 20 毫升兑水 15 千克蘸根。每垄定植 2 行，吊蔓栽培，单蔓或双蔓整枝，行距 50～60 厘米、株距 40～45 厘米，每亩定植 1 800～2 000 株。

（四）田间管理

1. 湿度管理 早春温度低，大棚内空气相对湿度较高，可采用地膜覆盖加滴灌，能明显降低空气湿度。西瓜生长前期，植株矮，肥水需求少，棚内空气相对湿度较低。随着植蔓生长，枝叶满架或封行后，蒸腾量大，灌水量增加，棚内空气相对湿度增高，夜间达 80％～90％。为降低棚内空气相对湿度，减少病害，晴暖天气适当晚合风口。生长中后期，棚内相对湿度保持在 60％～70％为宜。

2. 光照管理 西瓜对光照要求很高，日光温室栽培，由于抗老化棚膜表面结有露珠，加上风沙致使棚膜表面不洁净，常使棚内光照强度不够，因此，需要经常清洁棚膜。灰尘多时，用拖把擦一下棚膜。还可以在温室内部的后墙上增设反光幕，增加光照。此外，日光温室栽培条件下，距地面 1 米以上的叶面积指数及光合作用，对西瓜产量影响很大。所以，要严格整枝，及时打杈和打顶，使架顶叶片距棚顶薄膜有 30～40 厘米的距离，叶片层间有 20～30 厘米的间距，防止行间、顶部和侧面郁闭。

3. 二氧化碳施肥 大棚密闭条件下空气中二氧化碳含量严重不足，影响光合作用的正常进行和同化产物的积累，人为补充二氧化碳利于增产。生产上补充二氧化碳施肥的时期主要在西瓜生育盛期，特别是果实发育期。适宜时间是上午 10 时左右，最佳浓度是 1～1.5 毫升/升。增加二氧化碳的方法主要有 3 种，分别为施用有机肥、合理通风换气及人工施用。目前常用方法是悬挂二氧化碳气肥袋和利用工业废气液态二氧化碳（图 5-2）。

图 5-2 增施二氧化碳的方式

4. 整枝理蔓 温室西瓜一般采取吊蔓密植的种植方法，早熟品种留两个蔓，1 个主蔓，1 个侧蔓，其他的蔓均要剪除。可两个蔓都吊起，也可只吊主蔓，侧蔓地爬（图 5-3）。

图 5-3 吊蔓双蔓整枝

当主蔓长至 50 厘米，基部侧蔓 10～15 厘米时开始进行双蔓整枝，保留主蔓，在主蔓基部选留 1 条侧蔓，使其匍匐，将主蔓及侧蔓上着生的其他蔓全部去除，种植行的匍匐蔓向同一方向延展，将主蔓用吊绳吊起，绳的一端固定于铁丝上，另一端用夹子固定于西瓜主蔓的基部。一般 1 周整枝 1 次，坐果前整枝 2～3 次，坐果后营养主要供应果实可不再整枝。为提高单瓜重和使瓜形端正，应选留第 2 雌花及以上坐的瓜，优先在主蔓上留瓜；主蔓上留住后，可在侧蔓上留瓜。当选定的瓜长到拳头大小时，用网兜将瓜吊在铁丝上或将瓜吊在结瓜部位上部 2～3 节以上的主蔓处。

5. 水肥管理 定植后 2～3 天浇缓苗水，开花坐果前浇水原则是不干不浇，伸蔓期酌情浇小水，开花期严禁浇水。开花前叶面喷施硼肥，开花后叶面补充钙肥。西瓜长至鸡蛋大小时结合浇水追肥 1 次，每亩追施硫酸钾型三元复合肥 15～20 千克；果实定个后，可用 0.3% 的磷酸二氢钾叶面追肥 1～2 次。

（五）人工辅助授粉

温室内湿度大，昆虫少，在上午 8—9 时进行人工辅助授粉。阴天雄花散粉晚，适当延后。也可采用氯吡脲蘸花，一般用氯吡脲 10 毫升兑水 1.5～2.5 千克，温度低时少兑水，温度高时多兑。蘸花下午进行效果比较好。

（六）采收上市

早熟西瓜品种一般坐瓜后 28 天左右成熟，中晚熟品种坐瓜后 35 天左右成熟。采收时严格按照授粉时标记过的开花授粉时间和西瓜成熟时间确定，以防出现生瓜上市现象。

四、 礼品西瓜栽培技术

礼品西瓜单果重在 2～3 千克，因其果实小、皮薄、甜度高、携带方便，而成为时尚消费的高档产品。近年来，设施内栽培多采用吊蔓栽培，较传统的地爬栽培空间利用率高、管理方便、产量高、价格好，发展较多。目前，礼品西瓜主要有早春日光和秋延后栽培两种方式。

（一）栽培设施

早春栽培一般采用单跨 8～12 米的日光温室，秋延后栽培一般选择单跨 7～10 米的塑料连栋大棚、6～8 米宽的钢管塑料大棚或 5～6 米宽的竹木大棚。

（二）品种选择

早春选择耐低温、易坐瓜、抗性强、不易裂瓜、生长健壮的品种，秋季选择耐高温高湿、抗病性强、易坐果、品质优良、稳产、商品性好、适合市场需求的早熟品种。市场上主要有黑美人、特小凤、早春红玉、红小玉、小兰等品种。

（三）培育壮苗

日光温室早春茬适播期为 12 月中旬至 1 月中旬，秋延后茬适播期在 7 月中旬至 8 月上旬。选用亲和性强、品质稳定的葫芦做砧木，插接法嫁接，具体操作参考嫁接育苗。

1. 冬季育苗　出苗前或嫁接后注意保温。出苗后白天保持 25～28 ℃，夜间 15～18 ℃，定植前 1 周内低温炼苗。苗期注意放风，降低苗床湿度，遇湿排湿，遇干浇水，浇水时应选择晴天上午进行。

2. 夏季育苗　育苗场所要充分通风。晴天每天上午 9 时至下午 4 时，苗床要覆盖遮光率为 50% 的遮阳网防高温，阴雨天揭除遮阳网。出苗后及时揭去遮阳网，加强通风，防止高温高湿产生高脚苗。出苗后，若幼苗期遇 35 ℃以上的高温，晴天中午可用遮阳网遮盖 2～3 小时，防止高温烫苗。干旱需浇水，宜在清晨或傍晚进行，且一次性浇足浇透。为防止形成高脚苗，可在幼苗出土子叶展开后，喷施 100 毫克/升多效唑溶液。

(四)整地定植

1. 设施消毒

(1)早春设施消毒。每亩用 1.65 千克高锰酸钾、1.65 升甲醛、8.4 千克开水混合液反应消毒。将甲醛加入开水中，再加入高锰酸钾，分 3～4 个点产生烟雾反应，然后封闭大棚 48 小时，通风待气味散尽后即可使用。

(2)夏季设施消毒。利用夏季的高温及阳光杀死病虫害。消毒时，消除前茬病株残体，深翻土壤，随后灌大水，然后用聚乙烯塑料薄膜全面覆盖棚内土壤，密闭棚室 15～25 天，使 10 厘米土壤土温高达 50～60℃，可有效预防枯萎病、青枯病、软腐病等病害，同时高温也能杀死线虫及其他虫卵。

2. 整地起垄　定植前深耕，将基肥均匀撒施，每亩施入优质腐熟有机肥 3 000～4 000 千克，三元的复合肥 40 千克。起宽 60～70 厘米、高 15～18 厘米的定植垄，沟心距 1.5 米，吊蔓栽培，在定植垄上铺设滴灌带和覆膜。选有 2～3 片真叶，叶色浓绿，子叶完整的壮苗，早春茬选晴天中午定植，秋延后茬择阴天或晴天下午定植。宽窄行定植，宽行行距 90 厘米，窄行行距 60 厘米，株距 40～45 厘米。

(五)田间管理

1. 温、湿度管理

(1)早春栽培。定植后 7 天内棚内不通风或小通风，以促进缓苗，白天温度控制在白天保持 32～35℃，夜间 18～20℃；伸蔓期管理上应先促后控，缓苗后白天温度保持 25～28℃，夜间 13～15℃，增加光照，促根控苗。生育前期温度低，注意排湿。

(2)秋延后栽培。定植期和伸蔓期，晴天上午 9 时至下午 4 时遮阳降温，加强通风，调节棚内温度白天不高于 35℃；阴雨天，揭除遮阳网。随外界气温的下降，揭除遮阳网，逐渐减少通风量。开花授粉期，白天温度保持在 25～28℃，夜间温度保持在 15℃以上。膨瓜期白天温度保持在 28～30℃，夜间温度保持在 15℃以上。伸蔓期降低棚内相对湿度，保持在 50%～60%，干旱时及时浇水。坐瓜期控水，植株不出现萎蔫不浇水。

2. 水肥管理　滴足定植水，滴透膜下土壤。伸蔓期可适当加大浇水量。西瓜进入膨果期是需水肥的高峰，适时浇水，施肥结合浇水进行，以速效肥为主，氮磷钾合理搭配，随水滴施。果实采收前10天停止滴灌浇水。

3. 植株调整 采用两蔓或者三蔓整枝，待瓜蔓长40～50厘米时，将主蔓吊起，侧蔓地爬。将主蔓用吊绳吊起时，绳的一端固定于铁丝上，另一端用夹子固定于西瓜主蔓的基部。坐果前整枝2～3次，选留第2雌花或第3雌花坐瓜，当选定的瓜长到拳头大小时，用网兜将瓜吊在铁丝上。

（六）辅助授粉

1. 人工授粉 第2雌花开放时，每天上午7时至10时用当天开放的雄花雄蕊涂抹雌花的柱头，进行人工辅助授粉，一般1朵雄花可抹3～5朵雌花。授粉后在坐果节位系上不同颜色的绳子（或标牌），3天换1次。

2. 蜜蜂授粉 西瓜传粉前1周，将蜂箱搬进大棚，在晴朗天气，为西瓜有效授粉6～10天，每亩放蜜蜂1～2箱。

（七）采收上市

根据需要决定采收。当地销售，十成熟时采收；销往外地，存放时间长，八九成熟采收。最好在早晨或傍晚采收。

 案 例

西瓜肥水一体化技术

肥水一体化技术是采用在瓜行内铺设滴灌管网，外接施肥器，追肥和浇水同步进行的技术。肥水一体化能明显降低空气湿度及病害发生程度，提高肥料利用率高，使土壤疏松等。在河南省中牟县姚家镇罗宋村多年示范的结果表明，肥水一体化比漫灌节约用水50%，每亩节约生产成本120元。

1. 整地施肥 定植前10～15天，浇水造墒，施足底肥。

2. 铺设滴灌带 将主灌带横贯于棚头或棚中间位置，滴灌带纵贯于大棚西瓜种植行，主灌带和滴灌带间安装控制阀。

3. 覆膜定植 滴灌带铺设后在垄上覆盖地膜，定植前根据密度要求，用打孔器在靠近滴灌带处打孔。定植后浇一次透水。

4. 水肥耦合方案

（1）肥料种类与配制。追施的肥料必须是全溶性的，不能有分层和沉淀。可选择水溶性的西瓜专用肥。

（2）追肥时期和用量。西瓜缓苗后浇一次缓苗水，每亩随水追施尿素

10～15千克；幼果鸡蛋大小时追施膨瓜肥，用量为每亩尿素5～10千克、硫酸钾素5～10千克；结瓜中后期随水追施硫酸钾5～10千克。

（3）追肥方法。采用动力泵或压力罐加压的，肥料可定量投放到蓄水池，溶解后随水直接入田；也可装入施肥器中，利用施肥器吸管开关控制肥液的流量，将肥料随水入田。追肥时先用清水滴灌20分钟，再滴灌肥水；施肥结束后再滴灌20分钟左右清水，冲洗滴灌带。

5. 病虫害防治　棚内张挂粘虫板诱杀蚜虫、粉虱，用噻虫嗪、吡虫啉喷雾防治蚜虫，螺虫乙酯喷雾防治粉虱。霜脲·锰锌、甲基硫菌灵喷雾防治疫病、菌核病、炭疽病，喷施农用链霉素或春雷霉素防治细菌性果斑病。

思考与训练

1. 设施西瓜栽培常用的设施有哪些？
2. 小拱棚双模西瓜栽培模式有哪些？
3. 人工辅助授粉的具体做法是什么？
4. 温室西瓜栽培的主要技术有哪些？

学习目标

了解西瓜间作套种的方式，能根据不同作物类型选择合适的间作套种方式，掌握基本的间作套种技术。

为充分利用土地，提高复种指数，采取间作套种能充分利用不同时间与空间的光、热、水、气等自然资源，有效地补充积温不足，生产出更多更好的产品，增加了单位土地面积的经济效益。生产上，有些农户根据当地环境条件，采取了多种形式的间作套种形式。如麦—瓜套种，麦株在早春为西瓜御寒防风，有利于促进西瓜的前期生长，而西瓜则为麦类作物改善光照条件，促进了后期生长和边行优势的发挥（图6-1）；与高秆的玉米、棉花套种，高矮相间，变单一群体为复合群体、平面采光为立体采光，可提高光能利用率，改善田间通风条件；瓜—蒜套作，减少了田间杂草和其他病虫害的发生。

图6-1　小麦—西瓜间作套种

一、 西瓜与蔬菜间作套种

各地的瓜农根据栽培设施、栽培技术、环境条件，形成了多种多样套种模式。如瓜前套种模式，在西瓜播种或定植前土地的空闲期，利用瓜畦部分来播种菠菜、上海青等速生菜或于早春种植早熟甘蓝、早熟花椰菜、洋葱等，按正常季节播栽西瓜。或个别蔬菜集中采取的套种技术，如河南中牟、山东济宁、江苏太仓、上海嘉定等大蒜集中种植区进行瓜蒜套种，利用大蒜播种早、收获早、植株较小、早春可挡风御寒的特性，有利于瓜苗初期生长，同时，蒜地病虫害少，可减少打药防病治虫成本，慢慢发展大蒜－西瓜－秋菜（胡萝卜、白萝卜、大白菜等）、大蒜－西瓜－花生等栽培模式。下面主要介绍几种典型的栽培模式。

（一）大棚西瓜—辣椒套种

河南省是我国辣椒种植面积较大省份，近年来，随着生产规模扩大，种植模式也由单一栽培模式发展为多模式间作套种，其中早春大棚西瓜套种辣椒是经济效益比较好的一种（图6-2）。

图 6-2 大棚西瓜—辣椒套种

1. 茬口与种植方式 早春大棚西瓜 1 月下旬开始播种育苗，2 月底 3 月初进行定植，5 月上中旬采摘。辣椒 12 月中下旬育苗，3 月中下旬定植，6 月初采摘，下霜前结束采摘。

采用 5 膜覆盖栽培，一是全田铺设地膜，二是西瓜定植后覆盖 1 个 1 米宽小拱棚，三是辣椒定植后在 1 米宽拱棚外面再加扣 1 个 2 米宽拱棚，四是在大棚顶膜内侧与顶膜隔开20厘米吊1层薄膜保温幕,五是大棚膜。

2. 栽培要点

(1) 育苗。西瓜和辣椒种子用55℃温水浸泡20分钟左右,随后室温下浸种,辣椒浸种6~8小时,西瓜浸种8~12小时,沥干水分,用湿布包好,辣椒放在25~30℃条件下催芽,西瓜放入30℃左右的温度环境下催芽。种子露白播种,穴盘育苗,每穴播1粒种子。出苗前白天温度保持25~30℃,夜间保持16~20℃;出苗后降低苗床温度,白天温度保持在25℃左右,夜间保持15~17℃。定植前5~7天少浇水,进行蹲苗炼苗,壮苗少炼,弱苗逐步增加炼苗强度,提高秧苗抗性。

(2) 整地定植。西瓜定植前,每亩施优质腐熟有机肥3 000~4 500千克,硫酸钾型三元复合肥40~50千克,然后耕翻起垄覆膜,垄高15~20厘米,两垄脊间隔1.8~2.0米。选晴天下午或阴天进行西瓜定植,每间隔33厘米挖一定植穴,并浇穴水500~1 000毫升,等水将渗下去,分苗封土。西瓜定植半个月后开始定植辣椒,在西瓜两侧间隔50厘米处定植,株距33厘米,每穴1株,并浇定根水1次。

(3) 田间管理。西瓜移栽后3天,检查瓜苗成活情况,出现死苗,立即补苗。出蔓后及时理蔓,留主蔓和1条侧蔓,分别向两侧呈180°生长。开花期在上午7—9时进行人工授粉。西瓜长到鸡蛋大小时,摘除节位低、瓜行不正、带病的幼瓜,每条主蔓上留1个瓜,将其放在垄上。坐瓜期白天温度保持在30℃左右,夜间不低于15℃,结合浇水每亩施速效三元复合肥10~15千克。西瓜采收后直接拉秧,每亩冲施尿素5~7千克,促进辣椒生长。辣椒结果盛期每采椒1次追肥1次,每亩施三元复合肥30~40千克。辣椒生长后期根系活力下降,选择阴天或傍晚喷施0.2%磷酸二氢钾和0.2%尿素溶液,防止落花、落果、落叶。

(4) 病虫防控。西瓜的病害主要是炭疽病,防治方法参照模块八。辣椒病害主要有疮痂病、疫病、炭疽病、病毒病、软腐病。炭疽病、疫病等可用48%甲霜·锰锌可湿性粉剂600倍液喷洒防治;疮痂病、软腐病用72%农用链霉素4 000倍液或77%氢氧化铜可湿性粉剂1 000倍液喷洒;病毒病在发病前及发病初期用1.5%烷醇·硫酸铜乳剂800倍液或20%盐酸吗啉胍·铜可湿性粉剂400倍液均匀喷雾,同时注意杀灭传毒害虫,7~10天喷1次,轮换用药2~3次。虫害有蚜虫、蓟马等,可用20%吡虫啉可湿性粉剂1 000~1 500倍液,或1.8%阿维菌素乳油2 000~3 000倍液防治,或用4.5%高效氯氰菊酯乳油2 000~2 500倍液防治,也可用黄板或蓝板诱杀。

小知识：西瓜间作套种原则

西瓜与其他作物间作套种并不是在任何情况下都能增产增收，必须掌握一些基本原则。

（1）水肥条件要好。间作套种，作物在田间连续生长，从土壤中吸收养分的绝对量要比单作多。必须供应充分的营养，否则容易减产，达不到间作套种的目的。

（2）不能存在互传病虫害。间作套种时，要考虑西瓜与间作作物不能有共生互传病虫。

（3）共生期配合得当。西瓜与其他作物在田间生长的时期，上下茬作物要合理衔接，早晚熟搭配合理。若搭配不当，不仅不能增产，相反会低于单产。

（4）要有充足劳动力。间作套种，许多作业往往没办法使用更多机械，需要进行繁重的手工劳动。若劳动力不足，往往管理操作不到位，达不到预期效果。

（二）西瓜—番茄间作套种

甘肃省张掖市高台县位于河西走廊中部，种植西瓜历史悠久，因独特的自然条件，其生产出的西瓜瓤沙味甘、色泽鲜艳、汁多爽口、风味独特。近年来，在早春小拱棚栽培西瓜的基础上套种番茄，明显提高了单位面积产量和经济效益。

1. 茬口与种植方式　3月下旬至4月上旬播种西瓜，按株距45~50厘米品字形开穴，每穴播种1~2粒种子。西瓜播种后，用竹片在瓜垄两侧弯成宽1.2~1.5米、高1.5~1.8米的弓形骨架插入土中，每隔1.5~2.0米插1根，然后覆盖0.02毫米厚的聚乙烯小拱棚薄膜。5月上中旬，选晴天早晨，撤除一边小拱棚薄膜，在西瓜植株一侧按株距30~35厘米开穴，每穴播种3~4粒番茄种子，播后覆盖1.0~1.5厘米厚的细沙土。

2. 栽培要点

（1）整地施肥。选土层深厚、肥沃疏松、排水良好的3年内未种过瓜类及茄果类作物的沙质壤土进行种植。种植前每亩施入腐熟有机肥4 000千克，整平耙细。按2.6米行距划线，离行距线两边40厘米左右开小沟集中施入化肥。一般每亩施磷酸二铵25~30千克、硫酸钾20千克、尿素5~8千克做基肥。按垄宽2.1米、垄宽0.5米做垄。播种前1周灌水，以不淹没垄埂为宜。

（2）温度管理。西瓜发芽期要密封小拱棚保温，一般不进行通风换气，白天温度保持在30~35℃。幼苗期白天温度25~30℃，当晴天中午棚温升到35℃时，放风降温，通风时应先开棚膜两头后两侧由小到大进行，下午棚内温度降到25℃时关闭风口。伸蔓期白天温度28～30℃，上午棚温升到25℃时开始放风，当外界夜间温度高于12℃时昼夜通风，随外界气温升高逐渐加大通风量，晚霜过后撤除小拱棚。

（3）肥水管理。西瓜幼苗期控制灌水，以利扎根蹲苗。伸蔓期灌1次小水。幼瓜坐住后，在鸡蛋大小时，结合灌水每亩施尿素10千克、磷酸二铵10千克、硫酸钾10千克。瓜基本定型前结合灌水每亩施尿素6.5千克、硫酸钾10千克。采摘前7～10天停止灌水。结合西瓜灌水，5月中上旬及时播种番茄，6月下旬至7月上旬西瓜收获后，番茄第一穗果膨大到红枣大小时及时灌水，结合灌水每次每亩追施尿素20千克、磷酸二铵11千克、硫酸钾10千克。第一批果实采收后，每亩追施尿素20千克，之后根据生长状况灌水。

（4）植株调整。西瓜采用三蔓整枝，明压法压蔓。番茄采用无支架栽培，当植株生长过旺，可在生长中后期将过多的不结果枝杈抹去，并适当进行摘心，使养分集中于果实生长，减缓植株生长势。

（5）病虫防控。病害防治重点做好早预防、早防治。在前期做好选地倒茬、种子处理的基础上，起垄后播种前采用30％的甲霜·噁霉灵水剂800倍液，对垄面、沟面喷雾，进行土壤消毒处理防治。生长期在西瓜、番茄坐果前或发病初期早用药预防。西瓜主要病害为枯萎病和蔓枯病，枯萎病发病初期用2％嘧啶核苷类抗菌素水剂100～200倍液或40％三乙膦酸铝可湿性粉剂500倍液灌根，每株灌200～250毫升；蔓枯病可用47％春雷·王铜可湿性粉剂700倍液。番茄病害主要有立枯病、疫病和晚疫病等，立枯病发病初期可用40％拌种灵·福美双可湿性粉剂9克加细土5千克，拌匀后覆盖根茎部防治，也可用60％的多·福可湿性粉剂500倍液或72.2％霜霉威800倍液茎基部喷施灌根防治；早疫病、晚疫病可用58％甲霜灵·锰锌可湿性粉剂500倍液或64％噁霜·锰锌可湿性粉剂500倍液喷雾防治。

害虫主要有金针虫、蚜虫、潜叶蝇、白粉虱等。对金针虫等地下害虫，结合整地，每亩用辛硫磷颗粒剂3～4千克处理。对蚜虫、潜叶蝇、白粉虱等害虫，可用20％吡虫啉可湿性粉剂1 000～1 500倍液或3％啶虫脒3 000倍液或10％高效氯氰菊酯乳油3 000～4 000倍液喷雾防治。

（三）青花菜—西瓜—青花菜间作套种

青花菜、西瓜是江苏省盐城市响水县农民增收致富的两大特色产业，当地利用双大棚和露地栽培实现了早春青花菜套种春西瓜，再套种秋青花菜，实现一年三种三收。

1. 茬口与种植方式 12月中旬青花菜播种育苗，苗龄35～40天，翌年1月下旬移栽定植，5月中旬采收结束；3月底西瓜播种育苗，苗龄30～35天，4月底5月初定植在大棚已采收的青花菜种植行内，7月底8月初采收结束；7月中旬秋青花菜播种育苗，苗龄30天左右，8月中旬移栽定植，10月底11月初开始采收。

2. 栽培要点

（1）品种选择。早春青花菜选择耐寒、抗病性强、花球周正、蕾粒均匀紧实、色泽深绿的早中熟品种。西瓜选用抗性强、品质好的品种。秋青花菜选用抗病性好、耐热、花球紧实的品种。

（2）整地定植。春青花菜定植前清理田间杂草及前茬作物残枝，每亩均匀撒施腐熟有机肥3 000～4 500千克、三元复合肥25千克、硼砂1千克，耕翻混匀。幼苗有5～6片真叶，株高12厘米左右时定植。定植选择阴天或晴天下午3时以后进行，实行大小行栽培，大行距70～80厘米，小行距40厘米，株距35～40厘米，品字形定植，深度以不盖住子叶为宜，定植后浇透定根水。

西瓜在幼苗2叶1心至3片真叶时，早春青花菜全部采收结束并清茬后定植。定植前先用打孔器在定植行上打孔，每畦定植1行，株距30厘米，每亩定植750株左右。嫁接苗定植时嫁接愈合处离畦面3厘米以上。

秋青花菜幼苗5～6片真叶时定植，定植前一天将苗床浇透水，结合浇水叶面喷施含硼的叶面肥和杀菌剂、杀虫剂，实现种苗带肥带药下田。选择阴天或晴天下午3时以后进行定植，定植后不再覆膜，实行露地栽培，每畦定植5行，行距60厘米，株距40厘米，定植后及时浇透定根水。若气温偏高，用遮阳网覆盖。

（3）温度管理。早春青花菜定植后缓苗前棚内最高温度不超过30℃，缓苗后最高温度不超过25℃。定植后20～30天，外界最低夜温在2～5℃时拆除二层大棚，3月底4月初夜温6～8℃时拆除外层大棚。西瓜幼苗期白天保持温度25～30℃，伸蔓期保持温度28～30℃。

（4）肥水管理。早春青花菜在定植后15～20天结合浇水，每亩穴施或沟施尿素10～15千克，间隔两周后，每亩再施三元复合肥15千克。现蕾初期每亩施尿素15千克和三元复合肥15千克。青花菜需水量大，除定植时浇好定根水外，定植后3天左右须再浇1次透水，之后保持土壤见干见湿，直至花球形成，收获前7～10天停止浇水。

西瓜在缓苗后每亩随水冲施三元复合肥 15 千克。6~7 片叶时，视苗情每亩随水冲施三元复合肥 10 千克。雌花开放到幼瓜坐住要控制浇水。进入膨果期，每亩冲施 2.5~3 千克 60％的水溶肥（N-P-K 为 20-20-20）。西瓜采收前 20 天冲施 58％水溶肥（N-P-K 为 14-6-38）3~3.5 千克。

秋青花菜定植后 15 天左右结合浇水每亩穴施或沟施尿素 10~15 千克。在现蕾初期随水每亩追施尿素 5~8 千克和三元复合肥 20~25 千克。土壤水分管理和春青花菜相同。

（5）植株调整。西瓜采用双蔓整枝，每株保留 1 条主蔓和 1 条健壮侧蔓，将主蔓同向理向大棚中间，侧蔓理向靠近棚边一侧。坐瓜前及时摘除多余侧蔓，瓜坐稳后不再整枝，只剪去病枝、老叶、病叶，以减少病害发生，促进坐果。

（6）授粉与果实管理。西瓜选择主蔓 12~15 节的第 2 或第 3 雌花坐果，进行人工授粉，一般在晴天上午 7—9 时进行，阴天适当推迟 1 小时，授粉后做好标记，注明授粉时间。当瓜长到鸡蛋大小时开始疏瓜，疏去病瓜、弱瓜、畸形瓜，选留果柄粗壮、果形大而圆正的健壮幼瓜 1 个，其余幼瓜及时摘除。

（7）病虫防控。青花菜的病害主要有霜霉病、黑斑病、菌核病，虫害主要有小菜蛾、甜菜夜蛾、斜纹夜蛾、菜青虫。霜霉病可用 47％春雷·王铜可湿性粉剂 500 倍液喷雾防治，黑斑病和菌核病可用 50％异菌脲可湿性粉剂 1 000 倍液喷雾防治。小菜蛾、甜菜夜蛾、斜纹夜蛾等可用杀虫灯诱杀，杀虫灯挂灯高度一般在 65~75 厘米，不要超过 80 厘米。诱杀甜菜夜蛾可用杀虫灯与性诱剂配合使用，可使杀虫数量增加 8 倍。防治菜青虫可用 5％氟啶脲乳油 1 200 倍液喷雾。

西瓜病虫害主要有枯萎病、炭疽病、蔓枯病、白粉病，虫害主要是蚜虫和粉虱。具体防治方法见模块八。

（四）菠菜—大蒜—西瓜—大白菜间作套种

在河南省开封市郊区郊县，当地农户充分利用大蒜、菠菜、西瓜、大白菜四种作物在空间、时间、养分等方面的互补性，实现大蒜、菠菜、西瓜、大白菜一年四种四收间作套种栽培技术，显著提高了经济效益。

1. 茬口与种植方式 9 月中旬，玉米收获后，将土地耕翻平整，做成 1.8 米的宽畦；9 月下旬在畦上靠一边种 6 行大蒜，行距 20 厘米，在另一边种 3 行菠菜，行距 20 厘米；翌年 3 月下旬，菠菜收获后移栽 1 行地膜西瓜，株距 50 厘米；6 月初，西瓜、大蒜收获后及时整地；7 月至 8 月播种早熟大白菜，株距 40 厘米，行距 50 厘米。

2. 栽培要点

（1）品种选择。菠菜选用耐寒性强、品质好、抗病、高产的全能品种。大蒜选用抗病、高产、个头大、皮白品种，选择瓣大、无伤、无烂、无病虫害、不脱皮的蒜瓣作种蒜。西瓜选用抗病、早熟、优质品种。白菜选用耐湿、抗热、早熟、抗病、高产、优质的品种。

（2）整地播种。每亩均匀撒施施腐熟有机肥 4 000～5 000 千克、尿素 50 千克、过磷酸钙 70 千克、硫酸钾 25 千克，耕翻混匀耙平耙实，做成 1.8 米宽的平畦。9 月下旬，在 5 厘米以下地温达 18～20℃时播种大蒜，播前种瓣用吡虫啉拌种。按行距 20 厘米开播种沟，一边将蒜瓣以 13 厘米株距进行播种，另一边播种 3 行菠菜。翌年 2 月下旬至 3 月上旬，在小拱棚或阳畦中进行西瓜育苗。菠菜收获后，耕翻作垄覆膜。4 月中旬，在膜中间打穴，移栽 1 行西瓜，株距 50 厘米。6 月中旬每亩均匀撒施施腐熟有机肥 4 000～5 000 千克、三元复合肥 40 千克，耕翻均匀，起埂做畦，足墒播种大白菜，行距 50 厘米，株距 40 厘米。

（3）田间管理。大蒜播种后，立即灌水。10 月中下旬，蒜苗 2～3 叶时覆盖地膜，覆膜前用二甲戊灵均匀喷雾，覆膜后及时开孔钩苗。翌年 3 月中旬，大蒜生长速度加快，结合浇水每亩冲施尿素 15 千克，三元复合肥 20 千克。菠菜长出真叶后，及时浇水，2～3 片真叶后，结合间苗，每亩追施尿素 15 千克。西瓜采用双蔓整枝，人工压蔓，以减少与大蒜争地矛盾，花期进行人工辅助授粉，加强中后期肥水管理和病虫害防治，西瓜坐稳果后，及时进行顺瓜、垫瓜、翻瓜。大白菜加强肥水管理、中耕除草、病虫害防治，及早上市。

（4）病虫防控。大蒜常见的病害有叶枯病、紫斑病、白粉病、锈病和病毒病等，常见的虫害主要是地蛆。病害在发病前和发病初期分别用 75％百菌清 600 倍液、12.5％烯唑醇 1 000～1 500 倍液或 25％咪鲜胺乳油 1 000～1 500 倍液防治，每 7～10 天 1 次，连喷 2～3 次。在地蛆幼虫期（菠菜收后）用 90％敌百虫晶体 1 000 倍液或 1.8％阿维菌素 3 000 倍液灌根，成虫期用 90％敌百虫晶体 1 000 倍液，或用菊酯类农药喷洒防治。

菠菜的主要病虫害有蚜虫、实蝇及霜霉病等。一般用 20％吡虫啉粉剂 1 000～1 500 倍液，或用 4.5％高效氯氰菊酯乳油 2 000～2 500 倍液，防治蚜虫和实蝇。用 25％甲霜灵可湿性粉 500 倍液，防治霜霉病。

西瓜主要病虫害有枯萎病、炭疽病、病毒病，蚜虫、红蜘蛛等，具体防治方法见模块八。

大白菜主要病虫害有软腐病、病毒病、霜霉病、蚜虫、菜青虫、小菜蛾等。病毒病、霜霉病和软腐病，在其发病前和发病初期分别用 25％咪鲜胺乳油

1 000～1 500 倍液，或 25％甲霜灵可湿性粉剂 500 倍液，或 100～150 毫克/千克农用链霉素喷雾，7～10 天喷 1 次，连喷 2～3 次。其中，软腐病也可用 70％敌磺钠可湿性粉剂 800 倍液喷雾或灌根进行防治。大白菜苗期和结球期蚜虫、苗期小菜蛾和莲座期菜青虫，用 50％抗蚜威 2 000 倍液、25％灭幼脲胶悬剂 500 倍液、2.5％溴氰菊酯 2 000 倍液喷雾，分别防治。

二、 西瓜与大田作物间作套种

（一）西瓜—玉米间作套种

采用春西瓜—夏玉米间作简化栽培模式，西瓜成熟早、销售价格较高，间作的玉米播期较传统轮作夏玉米提早 10 天左右，生长期积温较高，产量更高。

1. 茬口与种植方式 3 月 10 日西瓜播种育苗，4 月 15 日左右移栽，穴距 75 厘米，亩栽 730 株，同时扣上小拱棚，5 月 10 日撤去小拱棚。玉米 5 月 26 日左右播种，穴距 35 厘米，每穴 2 粒。

2. 栽培要点

（1）品种选择。西瓜选用抗病高产的中早熟品种，玉米选用高产优质品种。

（2）整地做畦。3 月底每亩施优质充分腐熟的有机肥 3 000 千克，硫酸钾型复合肥 50 千克，耕翻耙平。做畦起垄，畦宽 90 厘米，垄宽 60 厘米，垄高 30 厘米。畦内耙平浇水，用西瓜专用除草剂地面喷施除草，然后在西瓜种植沟上覆膜保墒增温，膜宽 80 厘米。

（3）播种定植。4 月中旬，将育好的西瓜苗栽植到田间，用简便的移苗器，在畦内打坑，坑深 5 厘米，直径 8～10 厘米，将苗连同营养基质轻轻放入坑内后覆土，嫁接苗不要超过嫁接伤口部位。单棵浇水，然后再覆土轻按。当西瓜蔓长至 1 米以上，在畦的两侧，采取点播方式，每穴播种 2 粒种子，穴距 35 厘米，保证每亩留苗在 5 000 株左右。

（4）田间管理。西瓜采用三蔓整枝。当瓜蔓长至 75 厘米时及时整枝压蔓，每株除主蔓外另留 2 条较为粗壮的侧蔓，用瓜铲将三蔓轻轻压入干土中，同时将多余枝杈去掉。第 1 个花位的瓜也要及时去掉，留第 2 或第 3 个雌花的果实。幼瓜长到鸡蛋大小时，要及时疏瓜，将瓜形不好的全部摘除，每棵只留 1 个瓜，集中养分供给，同时每亩追施硫酸钾型复合肥 25 千克，浇膨瓜水 1 次。成熟 7 天停止浇水。

玉米播种后立即浇"蒙头水"，苗前浇水后，适当加入药剂防治杂草与病害虫；苗期要做好定苗与间苗，施加适当的攻秆肥。花粒期施加尿素来促进灌浆、增加粒重。

（5）病虫防控。玉米主要防治地下害虫、玉米螟、灰飞虱和预防纹枯病、玉米大斑病和小斑病等。可用甲氰菊酯或吡虫啉防治灰飞虱、蚜虫，用辛硫磷拌细土，均匀施入心叶，防治玉米螟。抽雄前后，玉米大、小斑病可用50%多菌灵或50%退菌特或70%硫菌灵500倍液喷雾，每隔5～7天喷1次，连喷2～3次。纹枯病发病初期，用5%井冈霉素5 000倍液，或农抗120水剂3 000倍液，或25%三唑酮可湿性粉剂1 000倍液，或20%纹枯净可湿性粉剂200倍液，对准发病部位均匀喷雾；也可在玉米大喇叭口期，每亩用5%井冈霉素可湿性粉剂200克，拌无菌细土20～25千克，撒施于心叶内，防治纹枯病。

（二）西瓜—甘蔗间作套种

近年来，在河南东部地区，利用"三膜一苫"（早春种植后地膜覆盖，外搭小拱棚农膜覆盖，膜外盖一层草苫，草苫上再加盖一层农膜）保温栽培进行早春西瓜套种甘蔗栽培，形成了一套成熟栽培模式，经济效益可观，深受农民欢迎。

1. 茬口与种植方式　2月上旬西瓜温室育苗，3月上中旬移栽，6月上旬成熟上市。甘蔗比西瓜早10天种植，10月中旬前后成熟上市。田间种植采用1行西瓜套种1行甘蔗的方式，西瓜、甘蔗行距均为180厘米。3月10日左右甘蔗种植后，用130厘米宽的地膜覆盖，甘蔗行离地膜边缘约30厘米，之后在甘蔗行宽地膜一侧种1行西瓜，西瓜距甘蔗约30厘米。西瓜栽植后，搭小拱棚。

2. 栽培要点

（1）品种选择。西瓜选择耐低温、耐贮运、早发早熟的品种。甘蔗选择生育期相对较短、抗寒、抗逆性强、分蘖率高、生长势强、上糖快的品种。

（2）施肥整地。每亩施充分腐熟有机肥4 000千克，硫酸钾型三元复合肥70千克作为底肥。结合整地，每亩用3.6%杀虫双颗粒剂3～4千克进行土壤处理，预防金针虫、蝼蛄、金龟子等地下害虫危害。

（3）适时定植。3月10日前后，选晴好天气播种。按行距180厘米开沟，沟深5～8厘米，将甘蔗种平放沟中轻压入土，覆土厚度2厘米，每亩播种甘蔗种800段左右。甘蔗种植覆土后，及时喷洒除草剂，并用130厘米宽的地膜进行覆盖压实。3月20日左右选晴好天气移栽西瓜，在甘蔗行宽地膜一侧打孔移栽，距甘蔗约30厘米，行距180厘米，株距45厘米，每亩种植800株左右。西瓜移栽后，搭小拱棚覆盖。

（4）田间管理。西瓜定植后保持温度在28～30℃，开花坐果期间温度为18～25℃。采用地爬多蔓整枝方式，除主蔓外，留3～4条健壮的侧蔓，人工授粉，每株留瓜 2～3 个。西瓜采收后要及时拉秧、清洁田园，为甘蔗生长腾出空间。

甘蔗出苗期间，加强田间检查，发现不能正常破膜出土的蔗苗及时人工破膜帮助出苗。苗齐后两株蔗苗的距离超过 40 厘米时及时补苗。甘蔗在生育期内进行 3 次培土，西瓜采收以后进行第 1 次培土，6 月初进行第 2 次培土，7 月 20 日前完成最后一次培土，每次培土同时追施 1 次钾肥，采用沟施方式进行追肥。甘蔗生育后期及时剥去下部老叶，增加通风，避免病害发生，同时注意灌水，保持土壤湿润，雨季要注意排水，防止发生涝害。

（5）病虫防控。甘蔗主要病虫害有梢腐病、褐条病、锈病、黄斑病、甘蔗螟虫等。梢腐病发病初期，用 1∶1∶100 的波尔多液，或 50％多菌灵可湿性粉剂600 倍液，或 30％碱式硫酸铜悬浮剂 500 倍液，或 50％苯菌灵可湿性粉剂 1 000倍液喷雾防治。褐条病发病初期，用 50％多菌灵可湿性粉剂 600 倍液，或 40％多·硫悬浮剂 400 倍液喷雾控制其发生。锈病发病初期，用 10％苯醚甲环唑水分散粒剂 1 500 倍液，或 15％三唑酮可湿性粉剂 2 000 倍液混加 25％丙环唑乳油4 000 倍液，或 40％氟硅唑乳油 8 000 倍液，或 12.5％烯唑醇可湿性粉剂 1 500倍液喷雾防治。黄斑病发病初期，用 50％苯菌灵可湿性粉剂 1 000 倍液，或40％多·硫悬浮剂 400 倍液，或 30％氢氧化铜悬浮剂 600 倍液喷雾。甘蔗螟虫可用 25％氯虫苯甲酰胺 2 000 倍液防治。

（三）西瓜—甘薯间作套种

为提高种植效益，河南开封市、河北唐山市的农民结合当地地理条件，探索西瓜—甘薯间作套种技术，提高了复种指数，形成了一套间作套种高效栽培技术。

1. 茬口与种植方式　西瓜于 3 月初播种，2 周后播种砧木种子，3 月 25 日前后嫁接，清明前后定植于拱棚内，6 月 20 日左右上市。甘薯 3 月中旬育苗，5月 10 日定植，9 月中下旬上市。

2. 栽培要点

（1）品种选择。西瓜选用早熟性好、优质、抗病、适于嫁接的优良品种，砧木选用亲和力强的品种。甘薯选择商品率高、品质好的鲜食或烤食型脱毒品种。

（2）整地施肥。每亩可施优质腐熟有机肥 3 000～4 000 千克，饼肥 100 千克，三元复合肥 25～30 千克，硫酸钾 10～15 千克。整细耙平，用起垄机或者拖拉机做成高 20～30 厘米，宽 60 厘米，间距 80 厘米的土垄。

（3）育苗。3 月初在塑料棚内进行西瓜育苗，甘薯在 3 月中旬进行育苗。育苗种薯选新鲜、无病无伤、150～250克大小的脱毒种薯，凡薯块发软、薯皮凹陷、失水、黑筋、发糠的不能作种。种薯排薯前用50％多菌灵可湿性粉剂300倍液浸种10分钟，将畦土锄松，种薯大小分开；薯块斜放，阳面向上，头上尾下，保持上齐下不齐，薯块顶端压薯尾1/3为宜；排种后，撒上细土填充薯块间隙，浇透床土，水渗下后，撒厚度3厘米左右沙土，摊平。从排种到出苗为高温催芽阶段，经历约2周时间，要掌握好"温长芽、水扎根"的原则，以根养薯，以薯养苗，温度保持30～35℃。出苗后，进入平稳长苗阶段，温度保持25～28℃，注意放风降温，每7～10天浇1次水。

（4）定植。清明前后选晴好天气的上午定植西瓜。先在瓜垄上铺好地膜，按50厘米株距定植，亩定植700株左右。然后覆盖宽50厘米、高30厘米的小拱棚。5月10日前后，插植甘薯苗，两垄西瓜之间种3行甘薯，行距60厘米，株距25厘米，亩插植甘薯4 400株左右。插植后喷灌增墒，促使秧苗快速生根。

（5）田间管理。西瓜定植后至4月中旬一般不放风，4月下旬在晴天中午小放风，棚内温度不超过35℃。5月5日前后撤去拱棚膜。撤膜后喷洒烷醇·硫酸铜或盐酸吗啉胍·铜预防病毒病，并及时防治蚜虫，固蔓防风。伸蔓期浇一遍水。幼瓜坐住后，每株选留2个鸡蛋大的果形周正的幼瓜，摘除畸形瓜、虫害瓜，并浇1次膨瓜水，结合浇水每亩施硫酸钾15千克、尿素10千克。西瓜上市后，及时清除瓜秧。

甘薯茎叶生长到30厘米左右时提蔓1～2次，茎叶旺盛生长期，每亩追施甘薯专用复合肥10～15千克，整个生长期保持地表湿润但不积水。薯秧旺长时要勤提秧，防止茎节生根，促进薯块膨大。

（6）采收。西瓜成熟后及时上市。红薯没有明显收获期，可根据薯块发育情况和市场价格，在10月进行收获，最晚不能晚于霜降期，以免发生冻害，无法贮存，导致效益降低。

（7）病虫害防治。西瓜前期易发生猝倒病，后期易发生炭疽病、红蜘蛛、蚜虫和棉铃虫等病虫害，具体防治方法见模块八。甘薯茎叶一般没有什么病虫害，主要防治地下害虫蛴螬、地老虎、蝼蛄等，每亩用辛硫磷颗粒拌麸皮撒到田间，毒饵诱杀或者用敌百虫溶液灌根处理。

（四）西瓜—花生间作套种

西瓜套种花生栽培模式是一种西瓜、花生双丰收的栽培技术措施，此方法简便易行，能够有效利用土地空间，提高资源的利用率，既不影响西瓜的产量，套种的花生还能获得较高的产量和经济效益，目前在很多地方推广应用。

1. 茬口与种植方式 西瓜采用小拱棚双膜覆盖栽培，4月上旬移栽定植，行距2.0～2.2米，株距40～50厘米，每亩栽800株左右。西瓜种植带内套种6行花生，花生的行株距为33厘米×10厘米，每亩保苗9 500株左右。

2. 栽培要点

(1) 品种选择。西瓜选择优质、抗病、坐瓜性好的早中熟品种。花生选择本地区主栽的优质、抗病、高产、直立型的花生品种。

(2) 施肥整地。每亩施优质腐熟有机肥4 500～5 000千克、三元复合肥50千克、硫酸锌1千克作基肥。耕翻耙平，定植前3天做成龟背形种植畦，然后铺设宽70厘米地膜。

(3) 定植栽培。3月下旬或4月上旬，选晴朗无风的天气进行定植。定植前铺设好地膜，用打孔器打好定植穴，每穴放1片吡虫啉缓释片剂后定植西瓜苗，浇足稳苗水。定植当天，在已定植的西瓜上方架设小拱棚，拱棚宽50～55厘米。5月5日以后，结合浇西瓜膨大水，人工穴播花生，每亩保苗约9 500株。

(4) 田间管理。西瓜定植后密闭小拱棚。4月中旬视天气情况扎孔放风，前期可隔1株西瓜扎1个放风口，以后随外界气温升高，放风口逐渐加大、加密，每株1个放风口。4月下旬引蔓出棚，5月上旬撤去小拱棚。西瓜采用双蔓整枝或三蔓整枝，每株选择2～3条健壮瓜蔓，引向坐瓜畦内顺好。一般再进行2次追肥，伸蔓肥追肥1次，膨瓜期追肥1次。幼果长至鸡蛋大时，剔除畸形果，选健壮果实留果，1株1果。

西瓜收获后及时灭茬、松土，清秧灭草，促进花生生长。花生封垄前进行培土，促进果针入土结果。为防治花生地下害虫，每亩可用辛硫磷1.5～2.0千克，在苗期撒于行间，撒后锄地。对有徒长趋势的及时进行化控。在下针期每亩用甲哌鎓水剂20毫升，兑水50千克，连喷2次。

(5) 病虫防控。西瓜套种花生期间正值高温多雨季节，病虫害发生较多。西瓜的主要病虫害有枯萎病、蔓枯病、疫病、病毒病、地老虎、棉铃虫、蚜虫、叶螨、斜纹夜蛾、瓜绢螟等，具体防控措施见模块八。

花生主要病虫害有茎腐病、根腐病、叶斑病、白绢病、病毒病、蛴螬、棉铃虫、蚜虫等。茎腐病、叶斑病可用70%甲基硫菌灵可湿性粉剂1 000倍液加新高脂膜800倍液喷雾防治；根腐病、白绢病，在发病初期用50%根腐灵300倍液，或10%混合氨基酸络合铜水剂200～300倍液，或70%敌磺钠可湿性粉剂800～1 000倍液，或70%甲基硫菌灵可湿性粉剂500～800倍液，或72.2%霜霉威水剂400～600倍液灌根或喷雾防治。对于地下害虫，在雨前或雨后土壤湿润时，用毒死蜱、氯唑磷等按说明书配制毒土，集中而均匀地施于花生主根处土表上防治。

三、　西瓜与果树间作套种

近年来，随着产业结构的调整，农村种植结构发生变化，果树种植面积呈现逐年递增的发展趋势。生产中主要的栽培果树种类包括苹果、桃、梨、葡萄、柑橘、石榴、杏、柚、核桃等，成年后的果树树体较大，不适宜行间间作，但幼树期的果树树体小，尚未挂果，行间存在大量空闲地的情况下，适宜间作，如图 6-3。

图 6-3　西瓜石榴间作套种

（一）西瓜—幼龄桃树间作套种

1. 种植方式　西瓜和桃树间作（图 6-4），要求桃园沙质壤土，具有良好的灌溉条件，树龄不大于 3 年。桃树的整枝方式有主干形和开心形两种类型，主干形整枝桃园行距一般为 3～4 米，每行种植 1 行西瓜；开心形整枝桃园一般行距为 5～6 米，每行种植 2 行西瓜，对向爬蔓。西瓜播种行距桃树植株 1 米，西瓜株距 33 厘米左右。

2. 栽培要点

（1）品种选择。西瓜选择丰产优质、早熟性较好、结果能力强、较耐低温的品种。

（2）播种育苗。2 月中旬，西瓜采用日光温室或大棚加小拱棚地热线育苗。西瓜种子采用温汤浸种，播种后采用双膜覆盖，培育大苗。定植前，西瓜苗应日

图 6-4　西瓜—幼龄桃树间作套种

历苗龄 35～40 天，生理苗龄 35～40 片真叶，生长健壮，根系发达。

（3）整地定植。每亩施优质腐熟有机肥 4 000～4 500 千克、三元复合肥 50 千克，开春前在离桃树根基 80～90 厘米处耕翻 30 厘米以上。西瓜一般 3 月 25 日前后进行定植，定植前 10～15 天耙平地面，整成龟背形高畦，铺上地膜。小拱棚内地温维持在 14℃以上时，在龟背形畦面按株距 33～40 厘米打孔栽苗，栽苗后浇定根水，然后用竹片搭高 50～70 厘米、宽 1 米的小拱棚，栽完 1 畦扣 1 畦，小拱棚四周用土压牢。

（4）田间管理。一般定植后 5 天不通风，当棚内温度超过 35℃时，从背风向打开小拱棚一头进行放风。气温升高后，两头进行放风，放风时要注意风口由小到大，时间由短到长。外界夜温维持在 18℃以上时昼夜通风，但不揭棚膜。西瓜蔓长 25～30 厘米时，选晴天进行整枝，留 1 条主蔓和 1 条侧蔓，剪除多余子蔓和孙蔓。5 月初，西瓜开花后，进行人工辅助授粉。根据天气、土壤特性、苗生长情况适时浇水，果实膨大期适当追肥 1 次。

（5）病虫防控。早春西瓜病虫害较重，主要有疫病、蔓枯病、炭疽病、病毒病。病虫害防治重在预防，做到"治病不见病，治虫不见虫"。病害发生初期根据病害种类和病情，每 7～10 天喷药 1 次，连续喷药 2～3 次，遇雨后再补喷 1 次。药剂使用时，交替用药，同时注意安全间隔期。

（二）西瓜—草莓间作套种

1. 种植方式　8 月底至 9 月初在日光温室内定植草莓，12 月初采收，翌年 4—5 月结束，草莓垄距 100 厘米、垄底宽 60 厘米、垄顶宽 40 厘米、垄高 35～40 厘米。1 月中旬至 2 月初西瓜播种育苗，2 月下旬至 3 月初定植，株距 50 厘米，5 月中下旬采收第 1 茬，6 月中下旬采收第 2 茬。

2. 栽培要点

（1）品种选择。草莓选择休眠浅、耐低温、抗逆性强、品质优良、抗病性好的品种，西瓜选择早熟、耐低温、坐瓜性好、糖度高、品质好的小西瓜品种。

（2）施肥起垄。每亩施生物菌肥 1 000～1 500 千克、过磷酸钙 50 千克、腐熟饼肥 100 千克、复合肥 25 千克，深翻 30 厘米以上，按照垄距 1 米、垄底宽 60 厘米、垄高 35～40 厘米、垄顶宽 40 厘米起垄，要求垄面结实耐用、平整。若土壤有根结线虫，整地前，用 98％棉隆微粒剂均匀撒施，每亩用量 20 千克，深翻 2 次，深度 30 厘米，然后东西向覆盖塑料膜，膜边封严，消毒 12 天以上，揭去塑料膜透气 7 天后起垄。每条垄铺设 2 条滴灌带。

（3）定植。8 月底至 9 月初，草莓苗保留 1 片心叶和 0.5 片老叶，去除多余叶片，用生根剂蘸根，在垄上按株距 15 厘米，行距 20 厘米，弓背向外，双行栽植，栽苗做到"深不埋心，浅不露根"，根颈与地面平齐。定植后用水管浇水压苗后，滴灌浇透定植垄。西瓜 2 月下旬至 3 月上旬定植，在 2 行草莓中间打孔，株距 50 厘米，栽后浇水压根。

（4）田间管理。草莓定植后 1 周左右，查漏补缺。田间水肥做到小水勤浇、少肥勤施，根施叶喷同步，时期不同肥料不同。缓苗后到开花期，以氮、磷为主，促根养花，根据植株长势每亩施高氮磷水溶肥 5 千克，浇水 5～6 吨；开花至坐果期，以平衡肥为主，每亩施 6～8 千克，浇水 6～8 吨；坐果转色至采收结束以高钾肥为主，每亩施 5～10 千克，8～10 天 1 次，每次浇水 6～8 吨。10 月中下旬进行扣棚，扣棚后 10～15 天覆盖地膜。花期每亩放蜜蜂 1 箱，放蜂期间禁打杀虫剂及部分杀菌剂。田间要经常摘除草莓老叶、匍匐茎、水平叶、下垂叶、病虫危害叶等无效叶片，并集中烧掉。

西瓜定植后到吊蔓前以草莓管理为主，保证西瓜苗成活。4 月中旬后开始吊蔓，管理以西瓜为主，草莓进入结果后期，4 月底 5 月初可以拔除草莓苗。西瓜采用双蔓整枝，每株只留 1 个瓜，并人工辅助授粉。

（5）病虫防控。草莓病害主要有炭疽病、根腐病、白粉病及灰霉病，虫害有蓟马、红蜘蛛、蚜虫；西瓜病虫害主要有白粉病、炭疽病和蚜虫。防治炭疽病可以在发病初期选用 75％肟菌酯·戊唑醇水分散粒剂 3 000 倍液或 25％吡唑醚菌酯乳油 1 500～2 000 倍液。防治白粉病选用 10％苯醚甲环唑水分散粒剂 1 000 倍液、50％啶酰菌胺水分散粒剂 1 000 倍液或 25％乙嘧酚可湿性粉剂 1 500 倍液。防治根腐病于定植后用 30％噁霉灵水剂 1 500 倍液＋5％井冈霉素水剂 1 000 倍液灌根 2～3 次。防治灰霉病可用 50％腐霉利可湿性粉剂 1 000 倍液或 250 克/升嘧菌酯悬浮剂 1 000 倍液喷施防治。红蜘蛛用 20％四螨嗪可湿性粉剂 2 000 倍液，或 1.8％阿维菌素乳油 1 500 倍液，或 15％哒螨灵微乳剂 1 500 倍液喷雾防治。蓟马用 60 克/升艾绿士悬浮剂 1 500 倍液、5％啶虫脒可湿性粉剂 2 500 倍液喷雾防治。蚜虫可用 10％吡虫啉可湿性粉剂 2 000 倍液、50％抗蚜威可湿性粉剂 2 000 倍液喷雾防治。

（6）二茬瓜生产。当第 1 茬瓜进入生长后期，选取 1 条抽生的侧蔓作为二茬瓜的结瓜主蔓。头茬瓜采收后立即浇水施肥，促进瓜蔓生长。选取雌花进行授粉，然后留瓜。此期外界气温高，合理控制温度，加强水肥管理，防止瓜秧早衰。二茬瓜成熟后及时采收上市。

（三）西瓜—幼龄柑橘—马铃薯间作套种

1. 茬口和种植方式 一般在定植 2 年内的柑橘园进行，2 月中旬在大棚内将西瓜种子播于穴盘中，3 月中下旬待瓜苗长至 3 叶期、大棚外低温稳定在 15℃以上时移栽大田。7 月中旬西瓜拉秧后，8 月下旬直播马铃薯种薯，12 月上中旬收获。

2. 栽培要点

（1）品种选择。西瓜选择生长势强、中早熟、抗病性强、丰产性好、大小适中的品种。马铃薯选择中早熟、抗病性强的品种。

（2）整地定植。2 月底土壤墒情足时，每亩施入腐熟农家肥 3 000 千克、三元复合肥 40 千克，用小型旋耕机将肥料与土壤混匀。在柑橘种植行间铺设宽 60 厘米黑色地膜，地膜与沟边距离 30 厘米，西瓜定植于地膜中间，株距 30 厘米，亩定植 500 株左右。西瓜拉秧后，及时清理田间。8 月中旬每亩施用三元复合肥 50 千克，用小型旋耕机将肥料与土壤混匀。在柑橘苗两侧以穴播方式整薯播种 3 行，种薯大小 25～30 克。马铃薯种植行距 50 厘米，株距 25 厘米，边行与沟边距离 40 厘米，亩播种 3 600 穴。

（3）田间管理。西瓜苗定植后及时浇水，如遇连续大风、干旱，需连续 3 天浇水，确保瓜苗成活。定植后 10 天，亩施尿素 5 千克。双蔓整枝，瓜蔓统一整理至柑橘苗一侧生长。西瓜果实膨大期，亩施三元复合肥 20～25 千克。

10 月上旬，马铃薯出苗达 70％时追肥 1 次，亩施用尿素 10 千克。11 月上旬，马铃薯现蕾时再追肥 1 次，亩施用三元复合肥 20 千克，并喷施 5％烯效唑可湿性粉剂。11 月后注意早霜，在霜冻之夜可采取撒草木灰或田间熏烟，以减轻霜冻。

（4）病虫防控。春季西瓜种植中，常见病害有蔓枯病、枯萎病、炭疽病和白粉病等。6 月西瓜果实迅速膨大，阴雨时间较长，炭疽病、白粉病迅速发生和蔓延，在发病初期及时喷施 15％三唑酮可湿性粉剂 1 500 倍液加 22.5％啶氧菌酯悬浮剂 1 500 倍液等喷雾防治。蔓枯病和枯萎病可采用 40％双胍三辛烷基苯磺酸盐可湿性粉剂 1 000 倍液加 25％咪鲜胺乳油 1 000 倍液防治，如病害发生较重，上述 2 种复配药剂交替使用。黄守瓜、金龟子、蚜虫等虫害，可采用 2.5％联苯菊酯乳油 2 500 倍液加 10％吡虫啉可湿性粉剂 1 500 倍液喷雾防治。

马铃薯常见病主要有青枯病、晚疫病。青枯病可采用 72％农用链霉素可湿性粉剂 400 倍液，或 46.1％氢氧化铜水分散粒剂 600 倍液灌根，每株 500 毫升，隔 7～10 天防治 1 次，连续 2 次。晚疫病发生初期可喷施 52.5％噁酮·霜脲氰水分散粒剂 1 200 倍液，或 68％精甲霜·锰锌水分散粒剂 350 倍液，2 种药剂交替使用，每 7 天防治 1 次，连续防治 3 次。小地老虎和蚜虫是秋季马铃薯种植中的主要虫害，小地老虎可在傍晚对马铃薯幼苗茎基部喷施 2.5％高效氯氟氰菊酯微乳剂 1 000 倍液，蚜虫用 10％吡虫啉可湿性粉剂 1 500 倍液喷雾防治。

思考与训练

1. 西瓜间作套种有哪些意义？
2. 调查当地主要的间作套种模式，总结其基本栽培技术。
3. 根据当地特点，分析如何结合西瓜生产特点，进行合理的间作套种。

模块七
西瓜生产过程的异常诊断

学习目标

了解西瓜不同时期的生长异常情况，学会分析西瓜生长异常发生的原因，能对西瓜生长异常提出预防措施。

西瓜从种子浸种到瓜果成熟的各个时期会发生许多异常现象，大多属于生理性病害的范畴，主要由不良的生长环境与栽培不当所致。

一、 发芽出苗期的异常诊断

（一）种皮开裂

1. 症状诊断　催芽时，有时会出现种皮从发芽孔（种子嘴）处开口，甚至整个种子壳张开，出芽率极低，在有些情况下，会出现僵种、烂种、胚根不能伸长等情况，生产上瓜农称之为"哑子"。

2. 发生原因

（1）浸种时间过短。西瓜种子的种皮是由四层不同的细胞组织构成的，其中外面的两层分别是由比较厚的角质层和木栓层构成，吸水和透水性较差。如果种子在水中浸泡的时间短，水分便不能渗透到内层去，当外层吸水膨胀后，内层仍未吸水膨胀，这样外层种皮对内层种皮就会产生一种张力。但由于内外层种皮是紧紧地连在一起的，而且外层种皮厚，内层种皮薄，所以内层种皮便在外层种皮的张力作用下，被迫从发芽孔的"薄弱环节"处裂开口。

（2）催芽环境湿度过小。西瓜种子经浸泡后，整个种皮都会吸水而膨胀。在进行催芽时，由于温度较高，水分蒸发较快，如果环境湿度过小，则外层种皮很容易失水而收缩，而内层种皮仍处于湿润而膨胀的状态。这样一来，内外层种皮之间便产生了张力差，又因内外种皮是紧密地连在一起的，加之内层种皮较薄，所以内层种皮便会在外层种皮收缩力的作用下被迫裂开口。

（3）催芽时温度过高。西瓜种子催芽温度一般应维持在25～30℃的范围内，如果催芽时温度超过40℃的时间在2小时以上，就很容易发生种皮开口现象。这是因为高温使西瓜外层种皮失水而收缩，从而出现与催芽时湿度过小相同的状况而使种子裂开口。

3. 预防措施

（1）充分浸种。在常温下浸种8～10小时，让种子吸足水分。温汤浸种后，在室温下保持浸泡4～6小时。

（2）保持适宜的催芽温湿度。催芽中，温度保持在28～30℃，湿度保持在90%左右。

（二）不发芽

1. 症状表现　播种后种子不发芽。

2. 发生原因　选用的种子发芽能力差或存放3年以上的陈种；催芽温度低于15℃，数日后造成烂种；催芽时温度高于40℃，出现烧种；浸种时间太短，种子没有吸足水分。

3. 预防措施

（1）选用发芽能力强而饱满的新种子。

（2）强光晒种。在春季选择晴朗无风天气，把种子摊在席子或纸等物体上，在阳光下暴晒4～6小时，促进种子后熟，增强种子的活力，提高种子发芽势和发芽率。

（3）保持合理的催芽温度、湿度和氧气含量。

（三）出苗不齐

1. 症状表现　播种后零星出苗。

2. 发生原因

（1）苗床温度不合适。苗床温度低于16℃，低温烂芽；苗床温度超过40℃，高温烧芽。

（2）床土不合适。床土过干，使幼芽干枯，失去出苗能力；床土湿度过大，空气缺乏，影响出苗。苗床板结，透气性不好，会引起土壤中的氧气含量过低造成种胚生长缓慢，延迟发芽，同时苗床土壤板结还会增加种子发芽顶土的困难，造成出苗缓慢而形成出苗不齐。营养土用了未腐熟有机肥或过量化肥，农药用量大，使得根系不能下扎或烧根。

（3）播种过深。播种超过3厘米，加上床土湿度大、温度低，出现烂种。

3. 预防措施

（1）采用地热线或火道加温育苗，铺设地热线时温室前沿布线间距为5～6厘米，温室后沿布线间距8～10厘米为宜，使床温均匀一致。

（2）播后覆土厚薄要均匀，并在苗床上覆盖地膜，保持苗床湿度均匀。

（3）当出苗不齐或没有出苗迹象时，检查苗床中的种子，若胚根尖端发黄腐烂，说明种子已不能正常发芽，仔细查找原因，改善苗床环境条件，并立即补种；若胚根尖端仍为白色，说明还能正常发芽，加强温度和湿度管理，促进种子发芽。

（4）出现大小苗时，可把大苗移到温室前沿温度较低处，小苗摆在温室靠后墙附近，以使幼苗长势整齐一致。

（四）"戴帽"出土

1. 症状诊断　幼苗出土时连同种皮一起带出地面，子叶不能及时展开（图7-1）。

2. 发生原因

（1）种子成熟度不好，种子陈旧，生活力弱，出土时无力脱壳。

（2）覆土过薄，播种后覆土较薄，种子上盖的土压不住随子叶向上顶起的种皮。

图7-1　"戴帽"出土

（3）土壤水分不够和土温过低，影响根和胚轴的生长，种皮难以脱去。出苗后过早揭掉覆盖物或在晴天揭膜，致使种皮在脱落前已经变干，种子尚未出苗，表土已干，使种皮干燥发硬，往往不能顺利脱落。

3. 预防措施

（1）选择质量好的种子，播种时灌足底水。

（2）播种时种子要平卧点播。

（3）覆土要适当，不要过薄。

（4）播种前把营养土浇湿浇透，防止播后营养土太干而影响出苗。

（5）发现"戴帽"出土的幼苗，在晴天的中午用喷雾器加清水喷淋"戴帽"的子叶，1小时后，种皮变软，即可人工辅助脱壳。勿在子叶干燥时"脱帽"，否则易把子叶损伤或去掉。

（五）高脚苗

1. 症状诊断　幼苗下胚轴细长，徒长，叶色淡，生长细弱（图7-2）。

2. 发生原因

（1）温度、湿度不适。棚内气温较高、光照较弱，以及昼夜温差大、湿度和氮肥施用过多。

（2）密度过大。种植过密，苗床的通透性较差，造成苗床湿度较高，形成高脚苗。

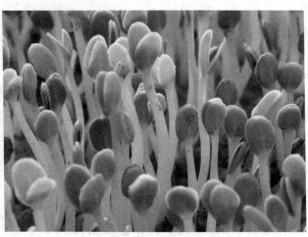

图 7-2　高脚苗

3. 预防措施

（1）加强光照管理。出苗后促控结合，尽量延长受光时间，冬春季出苗后要及时撤除覆盖物，使其正常见光，夏秋出苗后逐步去除覆盖物。

（2）通风降湿。出苗后加大通风量，降低棚室湿度，增加幼苗的干物质量，使之生长健壮。

（3）合理浇水。适当地减少浇水量，保持土壤见干见湿即可，炼苗期间为了提高幼苗的抗旱性，可以不旱不浇。

（六）小老苗

1. 症状诊断　又叫僵苗。幼苗处于停滞状态，展叶慢，新生叶叶色灰绿，叶片增厚、皱缩，子叶和真叶变黄，地下部根发黄，甚至褐变，组织僵硬。

2. 发生原因

（1）苗床气温低，不能满足西瓜根系生长的温度要求。

（2）苗床土质过于黏重，通风不良等影响发根。

（3）苗床管理中，如揭膜通风、降温锻炼过早或营养不足，幼苗生长缓慢时，容易形成小老苗。

（4）定植时苗龄过大，移栽时根系损伤过多，或遇到地下害虫危害。

3. 预防措施　育苗时应选择疏松通气的园土做苗床，采用地热线或地膜覆盖育苗，苗床施用充分腐熟的有机肥，定植时采用高厢深沟，适当施用穴肥，促进根系生长。移栽前注意炼苗，选择"冷尾暖头"的晴天定植。

（七）自封顶症

1. 症状诊断　育苗时幼苗常出现生长点退化，成为只有子叶或1、2片真叶而没有生长点的自封顶苗。轻度发生时过一段时间还能长出侧枝。

2. 发生原因

（1）育苗期用药浓度太大，使生长点发生药害。

（2）幼苗出土后遭受某些害虫危害造成自封顶苗。如幼苗出土后遭受蓟马危害。

（3）育苗期间苗床温度过低，或部分幼苗的生长点凝结过冷水珠，造成生长点冻害。

3. 预防措施

（1）幼苗第一片真叶展出后，提高苗床温度到25～27℃，气温低于16℃用灯光或电热线加温，适度放风，加强保温等。

（2）嫁接时需用子叶完全展开的苗做接穗。

（3）使用新种子。

（八）白化苗

1. 症状诊断　第一片真叶出现时，子叶和幼嫩真叶边缘失绿、白化，幼苗生长停滞。

2. 发生原因　幼苗受冻，苗期通风不当，床温急剧降低造成的。

3. 预防措施　育苗时注意适时播种，做好苗床保温，白天保证苗床温度20℃以上，夜间不低于15℃，通风注意不要突然变幅太大，避免温度剧变伤苗。

（九）沤根苗

1. 症状诊断　幼苗根系停止生长，主根、侧根变成铁锈色，严重时根系表皮腐烂不发生新根，变褐色腐烂，地上部轻者心叶发黄，幼苗萎蔫。

2. 发生原因　沤根是生理性病害，因管理不当所致。地温低（低于12℃），土壤湿度大（大于90％），土壤板结缺氧致根系不能正常生长，渐变红褐色腐烂，导致死亡。

3. 预防措施

（1）畦面要平，严防大水漫灌。

（2）加强育苗期的地温管理，避免苗床地温过低或过湿，正确掌握放风时间及通风量大小。

（3）采用电热线育苗控制苗床温度16℃左右，一般不低于12℃。

（4）发生轻微沤根后要及时松土，提高地温，待新根长出后，再转入正常管理。

小知识：苗质量诊断

先从整体上看，苗子大小要整齐一致，高度适中，没有缺棵以及高矮不平。然后再细看植株的"干净度"，保证叶片正面背面、茎秆上都没有病斑、药害斑、害虫及虫卵等，并且叶片无畸形、表皮油亮，叶色应该是绿中带黄，子叶完整、厚实、片大，茎秆较为健壮、粗细均匀，过细的苗子以及叶片黄化、老化、有病斑的苗子，后期的缓苗和花芽分化都会受影响，不建议菜农接收。

检查根系。随机拔出几棵苗子查看根系生长情况，若看到根系粗壮、颜色嫩白、毛细根多，则是健壮的好苗子；若发现有发黄的根系，则定植后浇水必然受沤根影响，根系弱，易染病。此外，查看根系时，还应注重根的可拉性。对于可移栽的穴盘苗，浇水后应有一定的可拉性。也就是说，穴盘内的根系发展能够充分把基质聚在一起完好地拉出，然后一同移栽。

二、 瓜蔓生长期的异常诊断

（一）矮化、缩叶与黄叶

1. 症状诊断 地上部植株矮化、缩叶、黄叶，甚至枯萎而死。

2. 发生原因

（1）瓜田长时间干旱缺水。

（2）长时间土壤过湿、排水不良使根系发育受阻。

（3）土壤中钙、镁、硼等元素缺乏。

（4）施肥不当产生肥害或除草剂药害，或施用生长调节剂不当。

3. 预防措施

（1）加强水分管理，保持土壤湿润，做到旱能灌、涝能排。

（2）合理施肥，大量元素与中微量元素配合施用，改善土壤理化性质，均衡营养，提升西瓜的抗病抗逆能力。

（3）根据品种、气候确定播种期、移栽期，不盲目早播、早种。

（二）瓜蔓萎蔫

1. 症状诊断 西瓜植株突然出现叶片萎蔫，瓜蔓发软。

2. 发生原因

（1）瓜蔓伸长期遇连续 5～7 天阴雨低温，而后突然晴天高温，叶面蒸腾作用强盛，瓜蔓叶片急剧大量失水，使水分代谢失去平衡。

（2）短时间大暴雨骤晴，经强光暴晒，也易出现瓜蔓萎蔫。

（3）某些病害如枯萎病、蔓枯病、细菌性凋萎病引起病理性瓜蔓萎蔫。

（4）夏秋栽培中午气温过高，土壤水分不足造成叶片失水萎蔫。

3. 预防措施

（1）夏季雨后及时排水，井水浇灌 1 次，及时划锄，疏松土壤，增强土壤的透气性。

（2）加强栽培管理，平整土地，畅通排灌，防积水，合理密植。

（3）定植之前进行土壤消毒，用青枯立克水剂 100 倍液进行种苗消毒和灌于定植穴内。

（三）瓜蔓顶端变色

1. 症状诊断 瓜蔓顶端变黄或变黑。

2. 发生原因 瓜蔓顶端变黄者，多为害虫危害所致；顶端变黑者，多为冻害或肥害所致。

3. 预防措施

（1）合理轮作，4～5 年轮作 1 次。

（2）加强水分管理，保持土壤湿润，做到旱能灌、涝能排。

（3）合理施肥，化肥与有机肥、大量元素肥料与中微量元素肥料配合施用，使用微生物肥料，改善土壤理化性质，均衡营养，提升西瓜抗病抗逆能力。

（4）合理使用农药与生长调节剂，防止产生药害。

（5）根据品种、气候确定合理播种期、移栽期，不盲目早播早种。

（6）早春双膜覆盖栽培遇连续阴雨低温突然天气转晴，遇到瓜苗萎蔫不可立即揭膜，待膜内瓜苗恢复正常后，再揭膜通风。

（7）做好病虫防治工作。

（四）疯长

1. 症状诊断 植株生长旺盛状态，茎粗，叶大，叶柄伸长，叶片变薄，生长点翘起，不坐瓜或授粉化瓜。

2. 发生原因 伸蔓至开花坐果期氮肥施用过多，田间湿度大及坐果不良时，营养生长与生殖生长不协调，造成疯秧徒长。

3. 预防措施

（1）坐瓜前控制土壤水分，坐瓜后浇水，利用果实的生长抑制茎叶的疯长。

（2）基肥中少施氮肥，多施有机肥。

（3）及时授粉，提高授粉质量，对于生长势旺盛的品种同时使用氯吡脲促进坐瓜等。

（4）已出现疯长时，少浇水，摘除一些侧枝和叶片，使茎叶尽量见光，严重时可切断部分根系。

三、 开花结果期的异常诊断

（一）蔓叶衰弱

1. 症状诊断 植株瘦弱，茎节变短，叶片变小单薄，瓜蔓变细，瓜蔓顶端变为细小的蛇头状，生长缓慢，子房呈圆球形，瘦小不堪，整个植株未老先衰。

2. 发生原因 土壤干旱，植株营养不良，肥水严重不足。

3. 预防措施 合理施肥、灌水。定植后施少量氮肥促进伸蔓，伸蔓期到开花期要控肥控水，坐果后重施肥水。

（二）不坐果

1. 症状诊断　瓜秧旺长而不坐果。

2. 发生原因

（1）肥水管理不当，使植株营养失调，造成茎蔓徒长，造成落花或化瓜。

（2）植株生长瘦弱，子房瘦小或发育不良，影响授粉坐瓜。

（3）花期喷杀虫剂，特别是喷菊酯类杀虫剂，杀死害虫同时也减少了授粉昆虫的群体数量，影响了昆虫传粉，降低坐瓜率；

（4）开花期遇不良天气情况，气温低，田间气候不良，从而影响昆虫传粉，降低坐瓜率。

（5）开花期间遇雨，雨水进入花冠内，使花粉散不开，影响了正常授粉。

（6）温室种植，夜温过高，未采取降低夜晚措施造成徒长。

3. 预防措施

（1）合理施肥、灌水。施肥以"前促、中控、后重"为原则。水分则根据不同生理期的需求，抽蔓期至花期保证水分充足，膨果期加大水分供应，成熟期适当控水。

（2）人工授粉。花期遇阴雨低温，雌雄花都要套袋，进行人工授粉。也可以借助耐低温早熟品种的花粉进行人工辅助授粉。

（3）科学整枝留瓜。主侧蔓长度均在 2 米以上，且未坐住瓜时，需从根部剪掉 1~3 条，只保留 1 条蔓，打去这条蔓的所有侧枝，从根部新选留 2~3 条小蔓，留第 2 个和第 3 个雌花进行结瓜。当幼果长至馒头大小时，果实开始迅速膨大，选择节位好、果形正的果实，双蔓或三蔓整枝，每株留一果。

（4）花期减少喷药，以免误伤访花昆虫。

（三）化瓜

1. 症状诊断　幼瓜发育停滞，瓜的顶端开始逐渐枯黄、干瘪，最后脱落（图 7-3）。

2. 发生原因

（1）开花后雌花未授粉受精。花期遇到阴雨天，花粉会吸湿破裂；或授粉昆虫较少，雌花不能正常进行授粉，使子房不能正常膨大生长而脱落。

（2）雌花花器或雄花花器不正常。如花器柱头过短，无蜜腺，花药中不产生花粉或雌蕊退化等，都会引起西瓜化瓜现象的发生。

图 7-3　西瓜化瓜

（3）栽培密度过大。栽培密度过大，连阴寡照，通风不良，造成郁闭，架形不合理，不利于光合作用，同化产物少，造成化瓜。

（4）植株生长过盛或过弱。由于植株生长不协调，生成营养物质分配不均匀，使幼瓜得不到足够的营养物质而化瓜。

（5）花期土壤水分不合理。水分过多，使茎叶旺长，雌花因营养不良而化瓜；水分过少，又导致植株因缺水而落花。

（6）环境条件不利。花期温度过高或过低，都不利于花粉管伸长，使受精不良，引起落花；光照不足，使光合作用受阻，子房暂时处于营养不良状态而导致化瓜。

（7）营养生长与生殖生长不协调。营养生长过旺会导致雌花发育不良，而引起化瓜。

（8）病虫危害严重。霜霉病、细菌性角斑病、炭疽病、白粉病、黑星病等，都会直接危害叶片，造成叶片坏死，严重者造成全叶或整株叶片干枯，无法进行光合作用而化瓜；蚜虫、茶黄螨、白粉虱等害虫通过吸取瓜类蔬菜叶片汁液和污染叶片，破坏光合作用，造成营养不良而化瓜。

3. 预防措施　造成化瓜的原因较复杂，防止化瓜需及时查明化瓜原因，有针对性地采取防治措施。

（1）合理安排播种时期。安排好播期，避开不利于西瓜开花坐果的时期；育苗过程中给予幼苗适宜的环境条件促进花芽分化，降低畸形花出现概率。

（2）加强田间管理。重施底肥，以有机肥为主，配施速效氮肥、磷肥及钾肥。抽蔓期施肥，减少氮肥用量，适当控制浇水，使植株生长稳健。根据不同的品种采取单蔓、双蔓、三蔓等整枝方式。病虫害防治要及时，喷药最好避开花期。

（3）人工辅助授粉。在花期，上午7—10时把雄花摘下，剥去花冠，用花蕊均匀地涂抹雌花柱头，每朵雄花可抹2~3朵雌花。授粉时，动作要轻，以免损伤柱头。

（4）捏茎控旺稳瓜。植株生长过旺的瓜田，在幼瓜正常授粉后，将瓜后茎蔓用力一捏，减少水肥向顶端的输送能力，集中养分供应幼瓜，减少化瓜发生。

思考与训练

1. 如何预防西瓜高脚苗的发生？

2. 西瓜出现疯长后，采取哪些措施进行防控？

3. 西瓜化瓜的原因有哪些？如何进行预防？

模块八
西瓜病虫草害防治

📑 学习目标

　　了解真菌性病害、细菌性病害、病毒性病害发生特点，掌握西瓜常见病害的防治方法，了解西瓜生产上主要发生的虫害，能根据不同虫害采取相应防治措施，能进行瓜园杂草防控，可以制订西瓜全生育期综合防控措施。

　　随着我国西瓜种植面积的快速发展，连茬、重茬种植以及农药化肥施用的不规范，使得生产中病虫害以及远距离传播病害种类增多，田间病虫害症状复杂。

一、病害防治

　　西瓜侵染性病害多达几十种，危害较严重的有蔓枯病、枯萎病、炭疽病、病毒病、白粉病、叶枯病、叶斑病、疫病等，这些病害的发生不仅影响产量，也影响西瓜品质。

如何区分细菌性病害、真菌性病害、病毒性病害

　　真菌病害在被害作物病部可以看到明显的霉状物、粉状物、粒状物等病征。细菌病害在湿度大时可在病部出现大小不同的黄色或白色滴状菌脓，干燥后呈水珠状、不规则粒状或发亮的薄膜。病毒侵入植物一般不会立刻杀死植物，主要改变植物生长发育过程，引起植株颜色或形状的改变，如花叶、变色、条纹、枯斑或环斑、坏死、畸形。

　　叶片病斑无霉状物或粉状物，长不长毛是真菌性病害与细菌性病害的重要区别。根茎腐烂出现黏液，并发出臭味为细菌性病害的重要特征。病毒病没有病征。

（一）蔓枯病

蔓枯病是西瓜重要的病害之一，在我国西瓜种植区均有发生，俗称蔓割病。田间蔓枯病发病株率一般为15%～25%，严重时高达60%～80%，病害流行时可使瓜田出现大量死秧，减产30%以上。

西瓜蔓枯病

1. 危害症状 蔓枯病为真菌性病害，如图8-1。

（1）叶片染病，出现圆形或不规则形黑褐色病斑，病斑上着生小黑点，湿度大时，病斑迅速扩及全叶，致叶片变黑而枯死。

图8-1 西瓜蔓枯病危害症状

（2）瓜蔓染病，节附近产生灰白色椭圆形至不整齐形病斑，斑上密生小黑点，发病严重的，病斑环绕茎及分杈处。

（3）果实染病，初产生水渍状病斑，后中央变为褐色枯死斑，呈星状开裂，内部呈木栓状干腐，稍发黑后腐烂。

2. 发病规律 以病菌的分生孢子器及子囊壳附着于病部混入土中越冬，来年温、湿度适合时，散出孢子，经风吹、雨溅传播危害。种子表面也可以带菌。病菌主要经伤口侵入西瓜植株内部引起发病。在 10～34℃，病原菌的潜伏期随温度升高而缩短，空气相对湿度超过 80％易发病。连作、地势低洼、雨后积水、缺肥或生长较弱发病重，病情发展快；过度密植、通风不良、湿度过高易发病。

3. 防治方法

（1）合理轮作。与非瓜类作物进行 2～3 年轮作。

（2）选用抗病品种。

（3）合理施肥。施足底肥，多施腐熟的有机肥，尤以饼肥为主，氮、磷、钾配合使用，勿偏施氮肥，平衡配方施肥，增强植株长势。

（4）选择排灌良好的地块种植，遇雨后及时摘除病叶，收获后彻底清理瓜园病残体及地边杂草，集中深埋或烧毁，以减少病源。

（5）药剂浸种。播种前种子用 70％代森锰锌可湿性粉剂 700 倍液或 50％甲基硫菌灵 500 倍液浸种 1～2 小时后用清水冲洗干净催芽。

（6）移栽前处理。移栽前 3～5 天，每亩用 36％多·酮悬浮剂 100 克，兑水 50升喷雾，也可用 20％丙硫多菌灵悬浮剂 2 000 倍液喷雾进行带药移栽，减轻发病。

（7）加强田间管理。结瓜期精心管理，适当追肥，严防脱肥早衰，雨后及时排水，防止湿气滞留。发病后打老叶并去除多余的叶和蔓，促进植株间通风透光。

（8）药剂防治。用 42.8％氟菌·肟菌酯悬浮剂 3 000 倍、60％唑醚·代森联水分散剂 1 000～1 200 倍、苯甲·嘧菌酯悬浮剂 1 000～1 200 倍、50％多·硫胶悬剂 500 倍液喷雾，每隔 7 天 1 次，连续 2～3 次，交替使用。对发病较重的植株，先用刀刮去腐烂组织，再用 70％甲基硫菌灵可湿性粉剂 50 倍液或 40％氟硅唑乳油 100 倍液，用毛笔蘸药涂抹茎部病斑。

（二）叶枯病

叶枯病在西瓜生长的中后期，特别是多雨季节或暴雨后，往往发病急且发展快，使瓜叶迅速变黑焦枯，严重影响西瓜的品质和产量。

西瓜叶枯病

1. 危害症状 多发生在西瓜生长中后期，主要危害叶片，也危害叶柄、瓜蔓和果实（图 8-2）。

（1）叶片发病初期叶上长褐色小斑点，周围有黄色晕，开始多在叶脉之间或叶缘发生。病斑近圆形，直径约 0.1～0.5 厘米，有微轮纹。天气潮湿时，可合并成大病斑，致叶片枯死。

（2）茎蔓受害，产生椭圆形或梭形、微凹陷的浅褐色斑。

（3）果实受害时，果面上病斑为圆形凹陷病斑、褐色，严重时，引起果实腐烂。潮湿时各受害部位均可长出黑色霉状物。

图 8-2　西瓜叶枯病危害症状

2. 发病规律　叶枯病病菌以菌丝体和分生孢子随病残体在土壤表面和种子越冬，翌年播种西瓜后遇温湿度适宜，引起初次侵染，后发生大量分生孢子，借风雨传播进行再次侵染。该菌对温湿度要求不严格，气温 14～36℃、相对湿度高于 80％均可发病。发病与湿度关系密切，雨日多、雨量大，相对湿度高易流行；相对湿度低于 70％，很难发病。连作、种植密度大、杂草多、氮肥施用量大，发病较重。连续天晴、日照时间长，对该病有抑制作用。

3. 防治方法

（1）选用抗病品种。

（2）种子处理。种子用 55℃温水浸种 15 分钟，再用 75％百菌清可湿性粉剂或 50％异菌脲可湿性粉剂 1 000 倍液浸种 2 小时，冲净后催芽播种，或播种前用种子重量 0.3％的拌种灵·福美双可湿性粉剂拌种。

（3）农业防治。西瓜收获后清洁田园，将病残体集中烧毁或深埋；实行 3 年以上的轮作倒茬；增施磷、钾肥和有机肥；及时清除杂草，合理密植，防止瓜秧过于繁茂；早期如发现病叶，要及时摘除深理或烧毁。

（4）化学防治。发病初期或降雨前用 50％异菌脲可湿性粉剂 1 500 倍液，或 20％唑菌胺酯水分散性粒剂 1 000～2 000 倍液，或 10％苯醚甲环唑水分散粒剂 1 000 倍液＋75％百菌清可湿性粉剂 600～800 倍液喷雾防治。设施内可用 25％百菌清烟雾剂或 20％腐霉利烟雾剂，点燃熏蒸杀菌。

（三）枯萎病

西瓜枯萎病也称萎蔫病，俗称"死秧病"，是西瓜上危害严重的病害之一。该病属土传病害，病菌在土壤中可长期存活，防治十分困难，一般重茬地发病率在 30% 以上，严重地块达 80% 以上，甚至造成绝产。

西瓜枯萎病

1. 危害症状　西瓜枯萎病刚开始发生不明显，主要在根茎部接近地面的地方。发病初期，若温度高，中午太阳照射出现萎蔫，早晚的时候又恢复，次日又表现为萎蔫，如此反复，发病后，植株慢慢就会枯死。幼苗发病时呈立枯状，定植后，下部叶片枯萎，接着整株叶片全部枯死。茎基部缢缩，出现褐色病斑，有时病部流出琥珀色胶状物，其上生有白色霉层和淡红色黏质物（分生孢子）；茎的维管束褐变，有时出现纵向裂痕。根部褐变，与茎部一同腐烂（图 8-3）。

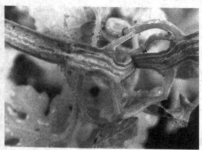

图 8-3　西瓜枯萎病危害症状

2. 发病规律　病菌主要以菌丝、厚垣孢子或菌核在未腐熟的有机肥或土壤中越冬。病菌可通过种子、肥料、土壤、浇水传播，以堆肥、沤肥传播为主要途径。该病为土传病害，发病程度取决于土壤中可侵染菌量。一般连茬种植，地下害虫多，管理粗放，或土壤黏重、潮湿等病害发生严重。连续降雨后，天气晴朗，气温迅速上升时，发病迅速。

如何区分蔓枯病、枯萎病

枯萎病和蔓枯病在西瓜整个生育期都可发生，均可造成病茎干缩、萎蔫、干枯，最终枯死。

枯萎病识别要点：发病初期，中午气温升高时，从下部叶片开始，似先水状萎蔫，傍晚逐渐恢复，次日午间又表现萎蔫，并渐次向上部叶片发展。如此反复数次，发病快的植株一般 2～3 天便全株枯死，不再恢复，发病慢的 5～7 天也会凋萎死亡。枯萎的植株基部表皮粗糙。常有纵裂、变褐，潮湿条件下裂口处有红色树脂状胶状物流出。

蔓枯病识别要点：叶片染病，出现圆形或不规则形黑褐色病斑，病斑上生小黑点；湿度大时，病斑迅速扩及全叶，致叶片变黑而枯死。瓜蔓染病，节附近产生生灰白色椭圆形至不整齐形病斑，斑上密生小黑点，发病严重的，病斑环绕茎及分权处。果实染病，初产生水渍状病斑后，后中央变为褐色枯死斑，呈星状开裂，内部呈木栓状干腐，稍发黑后腐烂。

3. 防治方法

（1）最好与非葫芦科作物实行 5 年以上的轮作，应尽量选中性或微碱性砂质壤土种植。

（2）选用抗病品种。因地制宜选用新红宝、抗病 201、早抗花王、拿比特、早春红玉等抗枯萎病品种。

（3）嫁接换根。用葫芦或新土佐等高抗枯萎病的葫芦科作物做砧木嫁接西瓜品种。

（4）合理施肥。不施用含有西瓜秧蔓、叶片、瓜皮的圈肥，防止肥料传菌。增施钾肥、微肥和有机肥料，减少氮肥使用量，防止瓜秧旺长，促秧健壮。

（5）苗床及土壤处理。用 50% 多菌灵可湿性粉剂 1 千克加 200 千克苗床营养土搅拌均匀，撒入苗床或定植穴中；也可用 50% 多菌灵可湿性粉剂 1 千克、40% 福美·拌种灵粉剂 1 千克兑入 25～30 千克细土或粉碎的饼肥，于西瓜种子播种前撒于定植穴内，与土混合后，隔 2～3 天播种。

（6）加强田间管理。平衡施肥，合理密植，适当控制浇水，严禁大水漫灌，田间有积水及时排出，田间荫蔽的发病瓜田，应加强整枝、打权，以利于田间通风透光。设施栽培，在保证瓜苗生长的前提下，加强通风换气，勤晒苗、晒地皮，尽量减少棚内的雾气，降低土壤含水量，减少空气湿度。

（7）高温闷棚。在夏季高温季节，利用太阳能进行土壤消毒，即收获后，翻地、灌水、铺上地膜，然后密闭大棚 15～20 天。

（8）药剂防治。发病初期使用 50 克/袋恩益碧（NEB）重茬剂，每亩用菌根 5 袋，每袋兑水 50 升灌根，每株灌药液 100 毫升；也可用 2.5% 咯菌腈悬浮剂 200 倍液，38% 噁霜·嘧铜菌酯可湿性粉剂 800 倍液，用 50% 代森铵水剂 500～1 000 倍液，25% 咪鲜胺乳油 1 000～1 500 倍液，50% 福美双·甲霜灵·稻瘟净可湿性粉剂 800 倍液，或 60% 琥铜·乙膦铝 500 倍液等，喷雾与灌根相结合，每株灌药液 300～500 毫升，每隔 7～10 天 1 次，连续防治

3～5 次。

（四）炭疽病

西瓜炭疽病是西瓜生产上最主要、最常见的病害之一，在西瓜的整个生育期均可发生，主要危害西瓜叶片，也可以危害茎蔓、叶柄和果实，造成植株枯死、果实腐烂。

西瓜炭疽病

1. 危害症状　西瓜炭疽病在整个生长期内均可发生，但以植株生长中后期发生严重，造成植株落叶枯死、果实腐烂（图8-4）。

（1）幼苗发病时，子叶边缘出现圆形或半圆形红褐至黑褐色病斑，边缘常有一浅绿色至黄褐色晕环，其上产生淡红色黏稠物，后期产生黑色小点，发展到幼茎基部变为黑褐色，且缢缩，甚至倒折。

（2）叶片发病时，叶片上出现黄色水渍渍状圆形斑点，后发展为褐色或黑色晕圈，长有黑色小粒或淡红色黏状物，有时出现同心轮纹，干燥时病斑易破碎穿孔。

（3）茎蔓发生炭疽病后，生出黑色病斑，圆形或纺锤形，凹陷，病斑上有许多黑色小斑点，即病原的分生孢子盘，最后引起全株死亡。

（4）果实发生炭疽病后，果面出现暗绿色水渍状小点，扩大后呈圆形或椭圆形凹陷，暗褐色至黑褐色，凹陷处龟裂。

图 8-4　西瓜炭疽病危害症状

2. 发病规律　病菌以菌丝体或拟菌核在土壤中病残体上越冬，条件适宜时产生分生孢子梗和分生孢子侵染西瓜幼苗、成株或瓜果，形成初侵染。病菌可在多种瓜类蔬菜上越冬，也可以种子带菌。播种带菌种子使瓜苗染病，发病植株产生大量分生孢子，借气流、雨水及浇水传播，进行重复侵染。摘瓜时，果实表面若带有分生孢子，贮藏运输过程中也可以侵染发病。其发病最适宜温度为 22～27℃，10℃以下、30℃以上病斑停止生长。西瓜生长期多阴雨、地块低洼积水，过多地施用氮肥，或棚室内温暖潮湿、重茬种植、植株生长衰弱等有利于发病。

3. 防治方法

（1）选用抗病品种。

（2）种子消毒。用 30％苯噻氰乳油 1 000 倍液浸种 6 小时，或用 72％硫酸链霉素可溶性粉剂 150 倍液，浸种 15 分钟，清水冲洗干净后催芽播种。

（3）与非瓜类作物轮作，选择沙质土种植。

（4）加强田间管理。合理密植，及时清除田间杂草；施用充分腐熟的有机肥，采用高垄或高畦覆盖栽培；平整土地，防止积水，雨后及时排水；合理施肥，增施钾肥、微肥和有机肥料，减少氮素化肥用量；保护地栽培，加强通风；及时清除病老叶。

（5）药剂防治。在发病初期用 2.5％多菌灵磺酸盐可湿性粉剂 800 倍液，或 25％嘧菌酯 1 500 倍液或 10％苯醚甲环唑颗粒剂 1 000 倍液，或 25％溴菌腈可湿性粉剂 500 倍液，或 50％咪鲜胺可湿性粉剂 1 000～2 000 倍液喷雾，隔 7～10 天喷 1 次，连续 2～3 次。

（五）白粉病

西瓜白粉病俗称"白毛病"，是西瓜生长中后期常发生的病害，全国各地均有发生，尤其在秋西瓜危害严重。该病主要危害叶片，被害叶片枯黄、干枯，失去光合作用能力，造成产量下降、品质降低，发生严重时，病叶率达20％～35％。

西瓜白粉病

1. 危害症状 西瓜白粉病发病初期叶面或叶背产生白色近圆形星状小粉点，以叶面居多，后扩展成直径 1～2 厘米的圆形白粉斑，严重时全片叶面布满白粉，病害逐渐由老叶向新叶和茎蔓蔓延。发病后期，白色霉层因菌丝老熟变为灰色，病叶枯黄、卷缩，一般不脱落。叶柄和茎上的白粉较少（图 8-5）。

2. 发病规律 病菌以闭囊壳在病残体遗留于土壤表层或温室的瓜类上越冬，成为翌年的初侵染来源，产生的分生孢子借助气流或雨水传播落在寄主叶片上进行侵染。该病对温度要求不严格，但湿度在 80％以上时最易发病，在多雨季节和浓雾露重的气候条件下，病害可迅速流行蔓延，一般 10～15 天后可普遍发病。管理粗放，偏施氮肥，枝叶郁闭的田间，该病最易流行。当田间高温干旱时，能抑制该病的发生，病害发展缓慢。

图 8-5　西瓜白粉病危害症状

3. 防治方法

（1）选择抗病品种。

（2）加强田间管理。合理密植，合理整枝，适时摘除部分老叶和病重叶，以利通风透光，降低田间湿度，减少病菌的重复侵染。

（3）药剂防治。发病初期可用 25％嘧菌酯悬浮剂 1 500 倍液＋10％苯醚甲环唑微乳剂 1 000 倍液，或 18.4％环氟菌胺·氟菌唑水分散粒剂 1 000 倍，或 42.4％吡醚菌酰胺悬浮剂 2 500 倍，或 15％三唑酮可湿性粉剂 1 500 倍液，或 70％甲基硫菌灵可湿性粉剂 800 倍液，每隔 7～10 天 1 次，连续防治 2～3 次。设施栽培可用烟熏处理，每 50 米^3 用硫黄 120 克，锯末 500 克拌匀，分放几处；或每亩用 45％百菌清烟熏剂 250 克进行熏蒸，傍晚开始熏蒸一夜，第 2 天清晨开棚通风。西瓜花期慎用三唑酮类药剂。

（六）疫病

西瓜疫病是一种高温高湿型的土传病害，俗称"死秧"，全国各地均有发生，南方发病重于北方，在西瓜生长期多雨年份，发病尤重。除西瓜外，该病还危害甜瓜和其他瓜类作物。

1. 危害症状　西瓜疫病在西瓜幼苗、成株均可发病，危害叶、茎及果实（图 8-6）。

（1）子叶染病，出现水渍状暗绿色圆形斑，中央逐渐变成红褐色，近地面处缢缩或枯死。

（2）真叶染病，初生暗绿色水渍状圆形至不规则形病斑，迅速扩展，湿度大时，腐烂或似开水烫过，干后为淡褐色，易破碎。

（3）茎基部染病，形成纺锤形水渍状暗绿色凹陷斑，包围茎部且腐烂，近地面处缢缩或枯死，造成患部以上全部枯死。

（4）果实染病，则形成暗绿色圆形水渍状凹陷斑，后迅速扩及全果，致果实腐烂，病斑表面长出一层稀疏的白色霉状物。

图 8-6　西瓜疫病危害症状

2. 发病规律　病菌主要以卵孢子在土壤中的病株残余组织内或未腐熟的肥料中越冬，成为翌年发病的初侵染源。植株发病后，在病斑上产生孢子囊，借风、雨传播，进行再侵染。病菌喜高温、高湿的环境，最适发病温度为 28～30℃，低于 15℃发病受抑制。在气温适宜条件下，雨季来的早晚，降雨量、降雨天数的多少，是发病和流行程度的决定因素。雨季及高温高湿发病迅速，排水不良、栽植过密、茎叶茂密、浇水过多、施氮肥过多或通风不良发病严重。

3. 防治方法

（1）选用抗病品种。

（2）种子消毒。播种前用 55℃温水浸种 15 分钟，或用 30％苯噻氰乳油1 000倍液浸种 6 小时，冲洗干净后催芽或播种。

（3）与非瓜类作物实行 3 年以上的轮作。

（4）加强栽培管理。施足基肥，增施磷、钾肥等；采用深沟高垄种植，雨后及时排水；及时进行整枝、压蔓、打杈工作，防止枝叶过密、通风不良。

（5）药剂防治。发病初期提倡使用恩益碧（NEB），每亩用菌根 5 袋，每袋兑水 50 升灌根，每株灌药液 100 毫升，或用洒 78% 波尔·锰锌可湿性粉剂 500 倍液，68.75% 氟菌·霜霉威悬浮剂 600～800 倍液，66.8% 丙森·缬霉威可湿性粉剂 800 倍液，或 69% 烯酰·锰锌可湿性粉剂 600 倍液，或 60% 锰锌·氟吗啉可湿性粉剂 700 倍液，或 25% 烯肟菌酯乳油 900 倍液等喷雾，每隔 7～10 天 1 次，连续防治 3～4 次，也可喷雾与灌根同时进行。

（七）霜霉病

霜霉病是一种瓜菜类常见的病害之一，在西瓜植株生长中后期容易发生，具有发病快、枯死快的特点。

1. 危害症状　西瓜霜霉病主要危害叶片，偶尔也能危害茎、卷须、花梗等。最初叶片出现水渍状淡绿色小斑点，继而逐渐变黄，病斑不断扩大并由黄色变成淡褐色，因受叶脉限制，呈不规则多角形病斑，严重时病斑成片，全叶呈黄褐色干枯。在潮湿环境中，叶背部病斑上长出黑色霉层。在高温干燥环境中，病斑迅速枯黄，叶易破碎（图 8-7）。

图 8-7　西瓜霜霉病危害症状

2. 发病规律　在北方寒冷地区病菌不能在露地越冬，植株枯萎后即死亡，种子也不带菌。田间病菌主要靠气流和雨水传播，多从叶片气孔侵入。霜霉病的发生与植株周围的温湿度关系非常密切，发病适温为 20～24℃，叶面有水膜时容易侵入。终年种植瓜类的地区，病菌无明显越冬期。冬季不种瓜类的地区，其大田病菌可以来自温室瓜类或通过气流传播。一般在昼夜温差大、多雨、有雾、结露的情况下，病害易发生流行。保护地西瓜比露地西瓜发病重。地势低洼、排水不良、种植过密、管理粗放、通风不良的瓜田发病重。

3. 防治方法

（1）加强栽培管理。增施有机底肥，注意氮、磷、钾肥合理搭配；培育无病壮苗；加强通风，促进植株生长健壮；加强叶片营养，按尿素：葡萄糖：水＝（0.5～1）：1：100的比例配制溶液，3～5天喷1次，连喷4次。

（2）药剂防治。发病初期，用75％百菌清可湿性粉剂500倍液、58％甲霜·锰锌可湿性粉剂500倍液、69％烯酰吗啉·锰锌可湿性粉剂800倍液、25％嘧菌酯可湿性粉剂1 000～2 000倍液、50％烯酰吗啉可湿性粉剂4 000～4 500倍液、60％氟吗啉·锰锌可湿性粉剂600倍液或66.8％缬霉威·丙森锌可湿性粉剂700～1 000倍液等喷雾，隔7天喷1次，交替用药，连续2～3次。

（八）灰霉病

灰霉病是西瓜生产中危害较严重的病害之一，防治不及时会严重影响产量和质量，减产可达50％以上，甚至绝产。

1. 危害症状 西瓜灰霉病主要危害叶片、茎及果实（图8-8）。

（1）幼苗期染病，初期先在叶片出现不规则水渍状病斑，心叶受害枯死后，形成"烂头"，以后全株枯死，潮湿时病部产生灰色霉层。

（2）成株期叶片染病，从叶缘或叶尖侵入，初始产生"V"形、半圆形至不规则形的水渍状病斑，具轮纹，后变成红褐色至灰褐色，沿叶脉逐渐向内扩展，潮湿时病部产生灰色霉层。花瓣受害，易枯萎脱落。

（3）幼果受害，多发生在花蒂部，初为水渍状软腐，以后变为黄褐色，并腐烂、脱落。受害部位的表面，均密生灰色霉层，空气湿度大时，霉层更明显，病害扩展更快。

2. 发生规律 以菌丝体和菌核随病残体在土壤中越冬，翌年春后，在适宜的条件下，菌丝体产生分生孢子借风雨在田间传播，成为初侵染源，在病部产生霉层，并产生大量分生孢子靠气流、雨水、灌水、农事操作或架材等传播蔓延造成死苗、烂瓜而减产。病菌适宜生长的温度范围为 －2～33℃，最适宜发病的环境条件为温度22～25℃，相对湿度95％。多年重茬，田间病残体多；氮肥施用太多，生长过嫩；种植密度大，通风透光不好；肥力不足、耕作粗放、杂草丛生的田块，植株抗性降低，发病重。设施栽培条件下，往往为了保温而不放风、排湿，引起湿度过大而易发病。

图 8-8　西瓜灰霉病危害症状

3. 防治方法

（1）合理轮作。与非寄主作物实行 3 年以上的轮作，条件许可应进行水旱轮作。

（2）因地制宜选用抗病品种。

（3）加强栽培管理。合理密植，及时整枝压蔓；雨季注意及时排水降低田间湿度；及时清除老叶、病叶，增加光照和通风降低湿度；发现病株要及时摘除。

（4）药剂防治。发病初期可选用 50％异菌脲可湿性粉剂 1 000～1 500 倍液，50％腐霉利或异菌脲可湿性粉剂 1 000～1 500 倍液，60％多菌灵盐酸盐可湿性粉剂 500 倍液，70％甲基硫菌灵可湿性粉剂 800 倍液，40％嘧霉胺悬浮剂 800～1 000倍液，50％嘧菌环胺可湿性粉剂 1 000 倍液等喷雾，每隔 7 天左右喷 1 次，交替用药，连续喷 2～3 次。为防止蘸花传病，可在蘸花药液中加入 0.1％的50％异菌脲悬浮剂。设施栽培中，用百菌清烟剂或异菌脲烟剂，每隔 7～10 天熏1 次，连熏 2～3 次。

（九）果腐病

西瓜果腐病又叫细菌斑点病、西瓜水浸病、果实腐斑病，在果实表面产生水渍状病斑，严重时果皮龟裂腐烂，有时会造成绝收。

1. 危害症状　西瓜整个生长期均可受害，引起子叶、真叶和果实发病（图 8-9）。

西瓜斑点病

（1）幼苗期，子叶下侧最初出现水渍状褪绿斑点，子叶张开时，病斑变为暗棕色，沿主脉发展成黑褐色坏死斑。

（2）西瓜生长中期，叶片病斑暗棕色，略呈多角形，田间湿度大时，病叶基部沿叶脉处可见水渍状斑点。

（3）果实染病多始于成瓜向阳面，初在果实上部表面出现数个几毫米大小灰绿色至暗绿色水渍状斑点，后迅速扩展成大型不规则的水渍状斑，变褐或龟裂，致果实腐烂。根部、瓜蔓和叶柄一般不受害。

图 8-9　西瓜果腐病危害症状

2. 发生规律　病菌附着在种子或病残体上越冬，翌年春季温度适宜时开始活动，借风雨及灌溉水传播，从伤口或气孔侵入，果实发病后在病部大量繁殖，通过雨水或灌溉水向四周扩展进行多次重复侵染。多雨、高湿、大水漫灌易发病，气温 24～28℃经 1 小时，病菌就能侵入潮湿的叶片，潜伏期 3～7 天。细菌经瓜皮进入果肉后致种子带菌，侵染种皮外部，也可通过气孔进入种皮内。该病主要通过种子、土壤、水、昆虫以及人为整枝传播，带菌种子是病害远距离传播的主要途径。

3. 防治方法

（1）轮作倒茬。与禾本科等非瓜果类蔬菜进行 2 年以上的轮作。

（2）种子消毒。用次氯酸钠 300 倍液浸种 30 分钟，用清水冲净浸泡 6～8 小时，再催芽播种；也可用 50℃温水浸种 20 分钟，再催芽播种。

（3）加强田间管理。施用充分腐熟有机肥；采用塑料膜双层覆盖栽培方式；注意通风降湿；坐果后及时摘除残花病瓜，集中深埋或烧毁；在发病前或进入雨季时用链霉素、水合霉素、中生菌素预防；西瓜膨大后应进行垫瓜，防止烂瓜。

（4）田园清洁。采收后集中清理病残体、杂草及其他植物等，然后将土壤深翻 30 厘米左右，破坏病菌的越冬场所。

（5）药剂防治。发病初期，可用 30％碱式硫酸铜悬浮剂 400～500 倍液、14％络氨铜水剂 300 倍液、50％琥胶肥酸铜可湿性粉剂 500 倍液、56％氧化亚铜水分散微颗粒剂 600～800 倍液、50％琥胶肥酸铜杀菌剂 500 倍液、20％噻菌酮

600 倍液或 30％氧氯化铜悬浮剂 800 倍液等进行喷雾，每 7～10 天左右 1 次，轮换用药，连续防治 2～3 次。采收前 7 天停止用药。

（十）细菌性角斑病

细菌性角斑病是设施西瓜生产前期及大田生产中后期常见的细菌病害，也是西瓜上的重要病害之一，以晚春至早秋的雨季发病较重。

1. 危害症状　该病害主要发生在叶、叶柄、茎蔓、卷须及果实上（图 8-10）。

（1）苗期子叶上呈水渍状圆形或近圆形凹陷小斑，后扩大并呈黄褐色、多角形病斑，子叶逐渐干枯；叶片染病初生针尖大小透明状小斑点，扩大后形成具黄色晕圈的淡黄色斑，中央变褐或呈灰白色穿孔破裂，湿度大时病部产生乳白色细菌溢脓。

（2）茎蔓和叶柄受害，初产生水渍状圆形病斑，后变为白色，潮湿时，有黏稠状白色分泌物（即菌脓）。

（3）果实受害，初生水渍状圆形斑点，渐变为淡褐色，潮湿时，分泌白色黏

图 8-10　西瓜细菌性角斑病危害症状

液覆盖果面；在果肉组织中的褐色病斑，可向内部发展，到达种子上，后致果实腐烂。

2. 发生规律 病菌主要以菌丝或拟菌核随病残体在土壤内越冬，菌丝也可附着在种子上越冬，成为翌年的初侵染来源。病原细菌借风雨飞溅、昆虫和农事操作中人为的接触进行传播，从西瓜的气孔、水孔和伤口侵入。发病适宜温度22～27℃，适宜湿度85％～98％。温暖高湿，多雾、多露、多雨，低洼地及连作地块发病重。此外，开花、坐瓜期至采收期也易感病。

3. 防治方法

（1）选用抗病品种。

（2）种子消毒。播前种子用40％甲醛150倍液浸种1.5小时，或用55℃温水浸种15分钟，或用100万单位硫酸链霉素500倍液浸种2小时，清水洗净后催芽播种。

（3）轮作倒茬。与非瓜类作物实行3年以上轮作。

（4）加强田间管理。设施内栽培，覆盖地膜，使用滴灌，深沟高畦栽培，降低田间湿度，及时调节棚内温湿度；晴天上午浇水，浇水后及时放风排湿，阴雨天不浇水；及时摘除病叶或拔除发病严重的植株并销毁。

（5）灭虫。发现黄守瓜等食叶害虫，及时进行防治，切断传播桥梁。

（6）药剂防治。发病初期喷施药剂，用78％波尔·锰锌可湿性粉剂600倍液、25％碱式硫酸铜悬浮剂500倍液、20％噻菌铜悬浮剂500倍液、47％春雷·王铜可湿性粉剂800倍液、2％春雷霉素液剂600倍液、77％氢氧化铜可湿性粉剂800倍液、30％琥胶肥酸铜胶悬剂500倍液或60％琥铜·乙膦铝可湿性粉剂600倍液等喷雾，间隔7～10天喷药1次，交替用药，防治2～3次。

（十一）青枯病

西瓜青枯病又称细菌性枯萎病，以危害茎蔓为主，染病植株上端茎蔓出现萎蔫，叶片似水烫状青枯，而后全株枯萎而死。

1. 危害症状 染病植株茎蔓染病初呈水渍状，随后病斑迅速扩展，至绕茎蔓1周后，病部变细，两端仍呈水渍状，病部上端茎蔓先出现萎蔫，而植株上部和顶端叶片尚呈青绿时，其他部位的叶片则急性凋萎下垂，不等叶片枯黄变色就整株失水青枯凋萎。剖开病茎用手挤压，有乳白色菌脓从维管束切面上溢出，维管束一般不变色，根部亦不腐烂。

2. 发生规律 青枯病是一种维管束病害，以菌丝体和分生孢子、卵孢子等形态主要在土壤和病株残体上存活越冬，成为翌年的主要初侵染源。病菌从伤口侵入进行初侵染，并不断重复侵染，扩展蔓延。可通过种子、肥料、土壤、浇水传播。该病为土传病害，发病程度取决于土壤中可侵染菌量。一般连茬种植，地下害虫多，管理粗放，土壤黏重，潮湿等病害发生严重。

3. 防治方法

（1）与瓜类作物实行 3 年以上轮作或水旱轮作。

（2）选用抗病品种。

（3）选用抗病性强、根系发达的南瓜做砧木进行嫁接栽培。

（4）加强管理。采用高垄或高畦栽培，不要在低洼地种植；施用充分腐熟的有机肥；雨后及时排水，严禁大水漫灌。

（5）药剂防治。防病初期，用 25％青枯净可湿性粉剂 500～800 倍液、20％农用链霉素可湿性粉剂 2 000～4 000 倍液、54.8％氯溴·中生·辛菌水剂 600 倍液＋20％松脂酸铜乳油 2 000 倍液喷雾、66.8％噁霉·中生可湿性粉剂 600 倍液＋80％乙蒜素乳油 3 000 倍液，或 50％氯溴异氰尿酸可湿性粉剂 750 倍液＋50％噻唑锌·中生可湿性粉剂 750 倍液等喷雾或灌根，7～10 天喷药 1 次，连续 2～3 次。

（十二）细菌性叶斑病

西瓜细菌性叶斑病分布较广，各地都有发生。

1. 危害症状 该病全生育期均可发生，叶片、茎蔓和瓜果都可受害。

（1）苗期染病，子叶和真叶沿叶缘呈黄褐至黑褐坏死干枯，最后瓜苗呈褐色枯死。

（2）成株染病，叶片上初生水渍状半透明小点，以后扩大成浅黄色斑，边缘具有黄绿色晕环，最后病斑中央变褐或呈灰白色破裂穿孔，湿度高时叶背溢出乳白色菌液。

（3）茎蔓染病，呈油渍状暗绿色，以后龟裂，溢出白色菌脓。

（4）瓜果染病，初出现油渍状黄绿色小点，逐渐变成近圆形红褐至暗褐色坏死斑，边缘黄绿色油渍状，随病害发展，病部凹陷龟裂呈灰褐色，空气潮湿时病部可溢出白色菌脓。

2. 发生规律 病原细菌在种子上或随病残体留在土壤中越冬，成为翌年的初侵染来源。病原菌借风雨、昆虫和农事操作中人为的接触进行传播，从寄主的气孔、水孔和伤口侵入。发病的适宜温度 18～26℃，相对湿度 75％以上，湿度愈大，病害愈重，暴风雨过后病害易流行。地势低洼、排水不良、重茬、氮肥过多、钾肥不足、种植过密的地块，病害均较重。

3. 防治方法

（1）选用抗病品种。

（2）与非瓜类蔬菜轮作3年以上。

（3）种子消毒。用100万单位硫酸链霉素500倍液浸种2小时，清水洗净后催芽播种。

（4）加强田间管理。施足基肥，增施磷钾肥；合理密植，注意通风透气；适时整枝，加强通风；雨后做好排水，降低田间湿度；田间发现病株及时拔除；收获后结合深翻整地清洁田园，减少来年菌源。

（5）药剂防治。发病初期用72％农用链霉素可溶性液剂4 000倍液、30％琥胶肥酸铜悬浮剂500～600倍液、77％氢氧化铜可湿性粉剂400～600倍液、20％氟硅唑·咪鲜胺600～800倍液、链霉·土霉素5 000倍液、12％松脂酸铜乳油300～400倍液或70％甲霜铜可湿性粉剂600倍液等喷雾，每隔7～10天喷药1次，交替用药，连续喷3～4次。

（十三）病毒病

西瓜病毒病又叫花叶病、小叶病，多发生于高温干旱季节，尤以夏、秋西瓜容易发生，受害严重。一旦得病，植株受害严重，叶片、茎蔓等变色或畸形，不结果或果实不大，轻者影响品质、产量，减产减收，重则引起早衰死亡，且会并发其他病，甚至大面积绝收，严重威胁西瓜生产。

西瓜病毒病

1. 危害症状　西瓜病毒病主要有花叶型、蕨叶型、皱缩型、黄化型、坏死型和复合侵染混合型等（图8-11）。

（1）花叶型植株表现为生长发育弱，根部叶片出现黄绿花斑，新生叶明显褪绿，逐渐呈黄绿相间的斑驳花叶，叶面凹凸不平，叶型不整，叶片变小，皱缩畸形，植株萎缩矮化，严重时病蔓细长瘦弱；花器发育不良，难于坐瓜或瓜很小，畸形，果面上有褪绿斑驳，失去商品性。

（2）蕨叶型新叶黄化，叶形变小，线状狭长，叶缘反卷，皱缩扭曲，呈蕨叶状；不结果或果实畸形，重病株未结瓜即坏死。

（3）皱缩型叶片皱缩，呈泡斑，幼嫩叶片皱缩扭曲，严重时伴随有蕨叶、小叶和鸡爪叶等畸形，主蔓变粗，新生蔓纤细扭曲；花器发育不良，难于坐瓜或成畸形瓜、僵瓜。

（4）黄化型主要是叶片黄化，变厚变脆，节间缩短，株型矮化，难以坐果。

（5）叶脉坏死型和混合型叶片上沿叶脉产生淡褐色的坏死，叶柄和瓜蔓上则产生铁锈色坏死斑驳，常使叶片焦枯。田间表现一般为多种症状集中在一株上，呈现混合型感染。

图 8-11　西瓜病毒病危害症状

2. 发病规律　西瓜病毒病主要由西瓜花叶病毒、黄瓜花叶病毒和烟草花叶病毒侵染所致。病毒在带毒蚜虫体内、种子表皮、葫芦科、豆科、藜科、锦葵科等作物或某些杂草的宿根上越冬，成为翌年初侵染源。病毒病的传播以昆虫传毒为主，如蚜虫、蓟马、白粉虱等是其主要传播媒介，也可通过种子、农事操作的整枝打杈等进行传播。一般情况下，高温干旱、强日照是发病的主要条件，缺水、缺肥、生长势弱、管理粗放、杂草丛生、附近种植蔬菜等较多的田块常发病严重。

3. 防治方法　病毒病重在预防，一旦发病，治疗效果就不显著，而且很不经济。

（1）种子消毒。种子用 72℃ 高温干燥处理 3 天，或干籽用 10％磷酸三钠溶液浸种 20 分钟，反复用清水冲净，再行浸种催芽播种。

（2）加强田间管理。科学选地，远离其他瓜类地种植，减少传染机会；适时早播、育苗移栽，提早西瓜的生育期，错过发病高峰；彻底清除前茬作物的残根落叶、杂草和病株，减少病源；做好肥水管理，多施有机肥，适用采用化学调控，培育壮苗，增强植物抵抗力；进行整枝打杈、摘心压蔓、授粉等田间操作时，应将病株与健康株分开，以免人为传染；苗期发病及早拔除病株，换成健康株；大田出现个别病株时，应及早拔除，带出田间，减少传染源，用肥皂洗手后再进行健康株的操作。

（3）防虫。田间及时用黄板诱蚜，铺银灰膜避蚜；保护地栽培，大棚周围加装防虫网，避免蚜虫进入大棚。用 20％氰戊·马拉松乳油 1 500 倍液、25％抗蚜威乳油 2 000 倍液、10％氟啶虫酰胺水分散粒剂 1 000～1 500 倍液、50％氟啶·

吡蚜酮水分散粒剂 2 000～2 500 倍液或 50％氟啶·啶虫脒水分散粒剂3 000～4 000倍液等喷雾防治蚜虫、蓟马。

（4）药剂防治。发病初期用 5％菌毒清水剂 500 倍液、24％混脂·硫酸铜水剂 800 倍液、20％吗胍·乙酸铜水剂 500 倍液、3.85％三氮唑核苷铜锌水乳剂 600 倍液、6％菌毒·烷醇可湿性粉剂 700 倍液、2％宁南霉素水剂 500 倍液、0.5％菇类蛋白多糖水剂 250～300 倍液或 10％混合脂肪酸铜水剂 100 倍液，每 7～10 天喷药 1 次，连续 2～3 次。同时喷施生长调节剂（细胞分裂素、芸苔素内脂等）以促进生长。

（十四）根结线虫病

根结线虫病是由线虫侵染引起的病害，近年来随着棚室西瓜种植面积的扩大，重茬、连作的现象越来越普遍，致使棚室西瓜线虫病的危害日趋加重。

1. 危害特征　受害西瓜侧根或须根上长出大小不等的瘤状根结，初为白色、柔软，后变为浅黄或深褐色，表面粗糙，有时龟裂，剖开根结可看到乳白色或淡黄色的细小虫体，在根结上长出细弱新根时再度受侵染发病，形成根结状肿瘤。发病初期植株症状不明显，发病重的茎蔓生长缓慢，叶片变小、褪绿变黄，结果小而少，极似缺水缺肥症状。晴天中午出现萎蔫，发病严重者逐渐枯黄、枯死（图 8-12）。

图 8-12　西瓜根结线虫危害症状

2. 发生特点　根结线虫多在土壤 5～30 厘米处生存，常以卵或二龄幼虫随病残体遗留在土壤中越冬，病土、病苗及灌溉水是主要传播途径。幼虫在根部吸食作物体内营养，继续发育产卵，产生新一代幼虫继续危害。田间土壤湿度和温度是影响孵化和繁殖的重要条件，土壤温度 25～30℃、持水量 40％～50％，繁育快；土温低于 10℃、高于 36℃时停止活动，55℃条件下 10 分钟致死。地势高燥、土壤疏松、中性砂质壤土适宜其活动，极易爆发成灾。连作年限越长发病越重。土壤湿粘板结，不利于其活动繁殖。

3. 防治技术

（1）合理轮作换茬。与禾本科或葱蒜类作物进行 2 年以上轮作，有条件实行水旱轮作的效果更好。

（2）高温闷棚。夏季将棚室清理干净，每亩用 50～100 千克的氰氨化钙均匀撒在地面上，再施入未腐熟有机肥 3 000～5 000 千克，深翻 20 厘米以上，最后大水漫灌后覆膜，合上风口闷棚 25～30 天。

（3）选用无病壮苗。

（4）清理病株残体，集中焚烧或深埋。

（5）药剂防治。在播种或定植前使用 10％噻唑磷颗粒剂，或 5％噻虫胺颗粒剂，或淡紫拟青霉菌均匀撒施于土壤内。也可每株穴施 2 片噻虫嗪缓释片，或用 20％噻唑磷水乳剂，3％或 5％阿维菌素乳油或水乳剂灌根防治。

二、 虫害防治

西瓜生产中的常受根结线虫、黄守瓜、蚜虫、潜叶蝇、白粉虱、红蜘蛛、蓟马、跳甲等的危害，对生产造成很大的影响。

（一）黄守瓜

黄守瓜又叫黄足黄守瓜，食性广泛，是瓜类蔬菜重要害虫之一（图 8-13）。

图 8-13　黄守瓜

1. 危害症状　黄守瓜成虫、幼虫都能危害，成虫以危害瓜叶、花、幼果为主，幼虫以危害瓜根为主。成虫取食叶片时，以身体为中心、身体为半径旋转咬食一圈，然后在圈内取食，在叶片上形成一个环形或半环形食痕或圆形孔洞，严重时吃光叶肉，并咬断瓜苗，造成死苗，也食害花和幼瓜。幼虫在土中咬食瓜根，达到一定的程度，瓜苗出现萎蔫，很难恢复，也蛀食贴地面生长的瓜条，引起瓜果内部腐烂。

2. 发生特点 在我国北方地区黄守瓜每年发生 1 代，南方地区发生 2～4 代。成虫在避风向阳的田埂土缝、杂草落叶或树皮缝隙内越冬，翌年 3 月下旬至 4 月气温达 10℃越冬成虫开始活动，4 月中下旬成虫陆续从越冬寄主迁至瓜苗上危害，对刚出土的瓜类幼苗危害最大。该虫喜欢晴天上午 10 时至下午 3 时活动，阴雨天很少活动或不活动。成虫体积小，擅长飞跃，受惊后即飞离逃逸或假死，耐饥力很强，取食期可绝食 10 天而不死亡，有趋黄习性。雌虫常在靠近寄主根部或瓜下的土壤缝隙中产卵，成堆或散产。幼虫期 19～38 天，共 3 龄。凡早春气温上升早，成虫产卵期雨水多，发生危害期提前，当年危害可能就重。黏土或壤土由于保水性能好，适于成虫产卵和幼虫生长发育，受害也较沙土为重。连片早播早出土的瓜苗较迟播晚出土的受害重。

3. 防治方法 对黄守瓜防治坚持早防早治，防治结合，抓重点时期防治。幼苗期初见萎蔫时及早施药，尽快杀死幼虫。

（1）消灭越冬虫源。在冬季要做好铲除杂草、清理落叶、铲平土缝等工作，尤其是背风向阳的地方更应彻底清理，使瓜地免受回暖后迁来的害虫危害。

（2）错期栽培，避开虫害高峰期。温床育苗，提早移栽，待成虫活动时，瓜苗已长大，可减轻受害。

（3）合理间作。瓜类与甘蓝、芹菜及莴苣等间作可明显减轻受害。

（4）改造产卵环境。植株长至 4～5 片叶以前，可在植株周围撒施石灰粉、草木灰等不利于产卵的物质，或通过撒入锯末、稻糠、谷糠等物，引诱成虫在远离幼根处产卵，以减轻幼根受害。

（5）人工捕捉。利用清晨和阴雨天黄守瓜不喜活动习性，可在露水未干前用捕虫网进行捕捉。

（6）用药驱虫。将一头缠有纱布或棉球的木棍或竹棍蘸取稀释倍数较低的农药，把蘸有农药的纱布或棉球的一头朝上，插在瓜苗旁，高度与瓜苗一致或略低，每株一根。待纱布或棉球上的药干后，再蘸取农药，插回原处。药剂可用 52.5％氯氰·毒死蜱乳油 20～30 倍液，4.5％高效氯氰菊酯微乳剂 50 倍液，20％氰戊菊酯乳油 30 倍液或 50％敌敌畏乳油 20 倍液等。蘸取的农药交替使用。

（7）药剂防治。幼苗初见萎蔫时，用 50％敌敌畏乳油 1 000 倍、90％晶体敌百虫 1 000～2 000 倍液、20％敌·氯乳油 1 500～2 000 倍液、10％氯氰菊酯 1 000～1 500 倍液或 10％高效氯氰菊酯 5 000 倍液等灌根，杀灭根部幼虫。对于成虫可用 40％氰戊菊酯乳油 8 000 倍液、0.5％楝素乳油 600～800 倍液、2.5％鱼藤酮乳油 500～800 倍液、4.5％高效氯氰菊酯微乳剂 2 500 倍液、5.7％三氟氯氰菊酯乳油 2 000 倍液、2.5％溴氰菊酯乳油 3 000 倍液、24％甲氧虫酰肼悬浮剂 2 000～3 000 倍液、20％虫酰肼悬浮剂 1 500～3 000 倍液、5％氯虫苯甲酰胺悬浮剂 1 500 倍液、24％氰氟虫腙悬浮剂 900 倍液或 10％虫螨腈悬浮剂 1 200 倍液等喷雾，7～10 天 1 次，交替使用。

（二）蚜虫

蚜虫俗称腻虫，西瓜整个生育期均可发生，具多食性，繁殖能力强，防治难度较大。

1. 危害症状　以成虫和若虫多群集在叶背、嫩茎和嫩梢，吸食作物汁液，危害瓜苗嫩叶及生长点，使叶片卷缩、瓜苗萎缩、生长点枯死、生长停滞，严重时能造成整株枯死。老叶受害，提前枯落，结瓜期缩短，造成减产。蚜虫排泄的蜜露污染叶面，影响光合作用，还可引起煤污病，使西瓜品质下降。此外蚜虫还传播病毒病，使植株出现花叶、畸形、矮化等症状，受害株早衰（图 8-14）。

图 8-14　蚜虫危害西瓜症状

2. 发生规律　在北方地区一年发生十余代，南方地区年发生数十代。温暖地区或在温室内以无翅胎生雌蚜繁殖，终年危害。长江以北地区以卵在越冬寄主上或以成蚜、若蚜在温室内蔬菜上越冬或继续繁殖。翌春 3—4 月孵化为干母，在越冬寄主上繁殖几代后产生有翅蚜，向其他作物上转移，扩大危害，无转寄主习性。到晚秋部分产生性蚜，交配产卵越冬，繁殖的适温为 16～22℃。干旱或暑热期间，小雨或阴天气温下降，对种群繁殖有利，种群数量迅速增多，暴风雨常使种群数量锐减。密度大或当营养条件恶化时，产生大量有翅蚜并迁飞扩散。繁殖能力强，早春晚秋 10 天左右 1 代，夏天 4～6 天 1 代，无翅胎生雌蚜的繁殖期约 10 天，每雌蚜产若蚜 60～70 头，在短期内种群可迅速扩大。

3. 防治方法

（1）黄板诱蚜。利用蚜虫的趋黄性，把黄色板放在瓜田内可诱到有翅蚜。用塑料绳或铁丝一端固定在温室大棚顶端，另一端拴住捕虫板预留孔或用竹竿或棍插入地里，将黄板固定在竹竿或棍上，高度保持与作物顶端同等水平，并随作物的生长高度而调整，以每亩用 30 块黄板。

（2）银灰色膜驱蚜。田间种植铺设银灰色地膜或在田间悬挂银灰色膜驱避蚜虫。

（3）灭杀虫源。早春铲除西瓜田周边杂草，以减少蚜虫数量；瓜田不与棉花等寄主作物田相邻，以减少虫源；结合间苗和定苗，将有蚜苗拔除，并带出田外埋掉或沤肥。

（4）保护天敌。在北方主要有七星瓢虫、草蛉、食蚜蝇、异色瓢虫、龟纹瓢虫等蚜虫天敌，天敌盛发期瓜田少施或不施化学农药，发挥天敌的自然控制作用。

（5）药剂防治。温棚等设施栽培条件下，每亩用 100 毫升敌敌畏乳油或 15%异丙威烟熏剂 400 克熏烟，连续熏 2～3 次。也可用 3%啶虫脒乳油 1 500 倍液、2.5%鱼藤酮乳油 800 倍液、10%烯啶虫胺 800 倍液、70%吡虫啉水分散粒剂 15 000 倍液、20%啶虫脒 1 000 倍液、50%抗蚜威可湿性粉剂 1 500 倍液、10%吡虫啉可湿性粉剂 2 000 倍液或 2.5%高效氯氟氰菊酯 500 倍液等喷雾，隔 10～15 天喷 1 次，交替用药。

（三）潜叶蝇

潜叶蝇又称地图虫、夹叶虫，各地均有发生，主要以幼虫在西瓜叶片内取食，影响叶片光合作用，从而造成经济损失。

1. 危害症状 潜叶蝇以幼虫钻入叶片组织，潜食叶肉组织，使叶片出现隧道似的白色纹路，老熟后在潜道末端化蛹，随时间增长，隧道相互交叉，逐渐连成一片，从而破坏叶片组织影响光合作用，

2. 发生特点 每年发生 5～6 代，以蛹越冬，来年早春羽化，成虫可在其他作物上产卵危害，后转移到瓜田繁殖。初春时虫口数随温度上升而增加，雌虫比例显著提高，虫量短期内增长迅速，入夏后虫量急剧下降。潜叶蝇成虫繁殖力强，繁殖速度快，世代重叠严重，同一作物成虫、幼虫、卵、蛹常常同时

存在。

3. 防治方法

（1）清洁田园。清除杂草，消灭越冬、越夏虫源，降低虫口基数。

（2）物理诱杀。采用黄板诱杀，或利用性诱剂＋黄板诱杀，也可采用灭蝇纸诱杀成虫。

（3）药剂防治。发现叶片上有隧道状白色纹路立即喷药。用 2.5％溴氰菊酯 3 000 倍液、50％灭蝇胺可湿性粉剂 2 000～3 000 倍液、75％灭蝇胺可湿性粉剂 5 000～8 000 倍液或 31％阿维·灭蝇胺悬浮剂 700～800 倍液等喷雾防治，5～7 天防治 1 次，连续防治 2～3 次。保护地内每亩用 10％敌敌畏烟剂 500 克，或氰戊菊酯等其他烟剂，连续用 2～3 次。

（四）白粉虱

白粉虱俗称小白蛾，寄主作物广泛，迁飞能力强，繁殖速度快，已成为一种世界性的害虫。

1. 危害症状 以成虫和若虫聚集在叶片背面刺吸叶片汁液，常造成叶片黄化，营养不良。刺吸汁液的同时，还排出大量粪便，诱发煤污病。此外，还会传播 30 多种病毒，诱发多种病毒病发生。

2. 发生特点 白粉虱繁殖速度非常快，一年可繁殖 10 多代。繁殖代数跟温度有密切的关系，温度越高，生育繁殖速度越快，危害也逐渐加重，尤其在每年的 7—9 月，危害最为严重，进入秋季，随着温度的降低，外界温度逐渐不能适宜其生活，大量成虫潜入温室大棚内越冬。白粉虱具有很强的趋嫩性，成虫和若虫一般喜欢群居寄生在作物叶片的背面，从植株顶部嫩叶到最下部，分层依次为淡黄色虫卵、黑色虫卵、初龄若虫、中老龄若虫、虫蛹。

3. 防治方法

（1）土壤处理。可在移栽前，用 5％噻虫嗪颗粒剂 1 000～2 000 克，或 2％噻虫胺颗粒剂，拌均匀后进行撒施、沟施或穴施，也可定植时可用 5％吡虫啉片剂，1 株放置 1 片（0.2 克）于定植穴内，能有效防治白粉虱的危害，可 3 个月左右保护植株不受白粉虱危害。

（2）彻底消除虫源。育苗或移栽时，消除地内的残株野草，熏杀或喷杀残留成虫。苗床里或蔬菜大棚放风口设定避虫网，避免外来虫源入侵。

（3）黄板诱杀。在瓜田悬挂黄板进行诱杀。

（4）以虫治虫。在设施条件下，释放人工繁殖的丽蚜小蜂或草蛉进行防治。

（5）药剂防治。用 10％的吡虫啉可湿性粉剂 4 000～5 000 倍液、3％的啶虫脒乳油 3 000～4 000 倍液、2.5％多杀霉素乳油 1 000～1 500 倍液、10％噻嗪酮乳油 1 000 倍液、10％烯啶虫胺水剂 3 000～5 000 倍液、2.5％联苯菊酯乳油 3 000倍液或 25％噻虫嗪可湿性粉剂 2 000 倍液在早晨或傍晚喷雾防治。喷药时要重点喷施叶背面，同时要交替用药，可加入一些洗衣粉溶液或者渗透剂，能起到更好的灭杀效果。温室大棚可采用烟熏防治，每亩温室内用 0.4～0.5 千克敌敌畏或异丙威烟熏剂熏烟。

（五）红蜘蛛

红蜘蛛的种类很多，危害西瓜的主要是茄子红蜘蛛，也叫棉红蜘蛛，生产上稍不注意，就能对西瓜造成危害，影响瓜农效益。

1. 危害症状 以成螨、若螨集中于瓜叶背面吸食叶片汁液，受害初期，叶片呈现黄白色小点，后变成淡红色小斑点，严重时叶背、叶面、茎蔓间布满丝网，瓜叶黄萎逐渐焦枯。

2. 发生特点 以雌螨在枯叶、土缝和杂草根部越冬，翌年日平均气温达 6℃时开始活动、取食。在华北地区，露地上 3—4 月开始危害植株，5～7 月危害重，在大棚、温室内周年均可危害。每年红蜘蛛繁殖代数因气候条件而异，平均气温在 20℃以下时，完成一代需 17 天以上。喜干旱，繁殖适宜的相对湿度为 35％～55％，干旱年份有利于大发生。主要靠爬行和风吹传播，流水和人畜也可携带传播。

3. 防治方法

（1）清洁田园。收完瓜后彻底清洁田园，秋末和早春清除田边、路边、渠旁杂草及枯枝叶，结合冬耕冬灌，消灭越冬虫源。

（2）合理追肥、灌水，促进西瓜生长，以增强抵抗力。

（3）以虫治螨。发生初期，释放捕食螨，抑制红蜘蛛的发生。

（4）药剂防治。用 40％联肼·螺螨酯悬浮剂 2 000～4 000 倍液、22％阿维·螺螨酯悬浮剂 4 000～6 000 倍液、5％唑螨酯悬浮剂 700 倍液、5％联苯菊酯 1 000～1 500 倍溶液、20％阿维·四螨嗪悬浮剂 1 500～2 000 倍液或 21％四螨·唑螨酯悬浮剂 2 000 倍液等喷雾防治，注意交替用药。

（六）蓟马

近年来，随着西瓜种植面积的不断增加，蓟马的发生危害也呈现出日益加重的趋势，对西瓜生产造成了不小损失。

1. 危害症状 蓟马的成虫和若虫常聚集在嫩梢、花朵里吸食汁液，使心叶扭曲变形不能舒展，顶芽生长点萎缩而侧芽丛生，甚至坏死。西瓜幼果被害后表皮会形成"锈皮"，严重者会导致畸形甚至出现幼果脱落。

2. 发生规律 蓟马以成虫在茄科、豆科杂草上，或在土块、砖缝下及枯枝落叶间越冬，少数以若虫越冬。翌年 3～4 月越冬卵孵化为幼虫，在嫩叶和幼果上取食，5 月始见成虫，6—7 月虫口数量上升，8—9 月严重发生，田间各代世代重叠明显，11 月前后以成虫越冬。一、二龄幼虫多在植株幼嫩部位取食和活动，少数在叶背危害，老熟若虫落地发育为成虫。成虫具有较强的趋蓝性、趋嫩性和迁飞性，爬行敏捷、善跳，繁殖速度快，怕强光，当阳光强烈时则隐蔽于植株生长点及幼瓜的茸毛内，迁飞都在晚间和上午。成虫寿命 7～40 天，两性生殖或孤雌生殖。卵大多散产于寄主的生长点、嫩叶、幼瓜表皮下及幼苗的叶肉组织内，平均每头雌虫产卵 50 粒左右，孵卵都在白天进行，近傍晚时最多，初孵若虫有群集性。生长发育最适宜温度 24～30℃，若虫入土羽化，以土壤含水量20%左右最适宜。

3. 防治方法 蓟马防治做到早防早治，多种措施结合防控。

（1）除草铺膜，减灭虫源。早春清除田间杂草和枯枝残叶，集中烧毁或深埋，消灭越冬成虫和若虫；瓜田地膜覆盖，使若虫不能入土化蛹，伪蛹不能在表土中羽化。

（2）提早栽培，错过危害高峰期。选用早熟品种，或者提早育苗，避开发生高峰。

（3）蓝板诱杀。田间悬挂蓝色粘板，每 20～30 米² 悬挂 1 张，诱杀成虫。

（4）药剂防治。蓟马发生初期，开始防治，可用 5% 阿维·啶虫脒乳油1 500～2 000 倍液、22%噻虫·高氯氟悬浮剂 3 500～4 000 倍、2.2%阿维·吡虫啉乳油 800 倍液、6%乙基多杀菌素悬浮剂 1 500 倍液、40%氟虫·乙多素乳油 4 000 倍液或 5.7%甲氨基阿维菌素苯甲酸盐乳油 500 倍液叶面喷雾，开始每隔 5 天喷施 2 次，随后视虫情隔 7～10 天喷药 1 次。

（七）跳甲

跳甲又叫狗虱虫、菜蚤子、土跳蚤等，主要有曲条跳甲、黄直条跳甲、黄狭条跳甲和黄宽条跳甲 4 种。近年来，由于西瓜连年种植，加上田间食料丰富，跳甲发生越来越严重。

1. 危害症状 跳甲以成虫和幼虫危害。成虫啃食叶片，造成叶片孔洞，最后只剩叶脉；幼虫在土中蛀食根皮，咬断须根，植株地上部叶片萎蔫枯死。

2. 发生特点 跳甲以成虫在残枝落叶、杂草、土缝等隐蔽处越冬，翌年春成虫开始活动。1年发生3～6代。成虫具趋光性，对黑光灯尤为敏感，善跳跃，遇惊扰即跳到地面或田边水沟，随即又飞回叶上取食。晴天中午高温烈日时多隐藏在叶背或土缝处，早晚出来危害。常产卵于泥土下的植株根上或其附近土粒上，孵出的幼虫生活于土中蛀食根表皮并蛀入根内，老熟后在土中做室化蛹。

3. 防治方法

（1）清园铺膜，减灭虫源。清除瓜田残株落叶，铲除杂草；播前深翻晒土，消灭部分虫蛹；铺设地膜，避免成虫把卵产在根上。

（2）灯光诱杀。田间设置黑光灯进行诱杀成虫。

（3）药剂拌种。播前用5％氟虫腈种衣剂拌种，按氟虫腈1份与种子10份，进行拌种，拌种后待种子晾干后播种。

（4）药剂防虫。在重危害区，播前或定植前后用撒毒土、淋施药液法处理土壤，毒杀土中虫蛹。用80％敌百虫可溶性粉配成毒土撒施土表浅松土（药：土＝1：50～100）；或淋施90％敌百虫结晶1 000倍液、80％敌敌畏乳油1 500～2 000倍液、52％氯氰·毒死蜱800～1 000倍、5％氟虫脲乳油1 000～2 000倍、40％菊马乳油2 000～3 000倍液或10％氯氰菊酯乳油2 000～3 000倍液，间隔7～10天1次，连续2～3次，每次淋透。也可用20％辛·灭乳油1 600倍液、50％敌·马乳油1 500倍液或33％吡·毒可湿性粉剂2 000倍液等在上午7—8时或下午5—6时喷药防治成虫。喷药时加大喷药量，喷透、喷匀叶片，喷湿土壤。

三、 草害防治

西瓜田杂草的种类多，造成危害的主要有藜、苋、凹头苋、反枝苋、马齿苋、野西瓜苗、铁苋菜、苍耳等阔叶杂草和马唐、狗尾草、牛筋草、画眉草等禾本科杂草。杂草大多根系庞大，适应性强，繁殖快，传播广，寿命长。如不及时防除杂草，它在瓜田中不仅与西瓜争阳光、肥水，还是多种瓜类病虫害的中间寄主和媒介，容易滋生病虫害，严重的会造成减产，且杂草结籽后还会对下茬作物造成影响。

（一）瓜田杂草防控的方法

在西瓜田防治杂草需要多措施并举，不仅需要注重病、虫、草害等的防治，还需要结合农业措施、杂草检疫、物理以及化学等综合关键技巧。

1. 做好预防，减少种子混入瓜田 严格检疫制度，限制国外及疫区的危险性杂草入侵。清除田内及田边杂草，防止杂草种子散落继续繁殖。施用农家肥料充分腐熟，杀死混入其中的杂草种子。清洁灌溉水，减少草籽进入农田。

2. 多种农艺措施结合，减灭杂草 合理轮作，阻滞杂草发芽或促进其发芽，消灭杂草。进行耕翻、耙、中耕等土壤耕作消灭杂草。利用动物、昆虫、病菌等生物方法除掉某些杂草。也可采用地膜覆盖技术，防除田间杂草。

3. 化学除草 化学除草就是用除草剂防除有害杂草。西瓜对除草剂反应十分敏感，故应根据除草剂的性质、特点，杂草的性状、类型及不同环境条件合理选用药剂和设计使用方法，先实验、示范，取得经验后再逐步推广。

（二）瓜田除草剂的使用

1. 除草剂的应用方式

（1）以土壤封闭处理为主，一般在播后苗前或移栽前施药。

（2）苗后茎叶处理宜选用防除禾本科杂草的药，如精吡氟禾草灵、精喹禾灵、高效氟吡甲禾灵等。

（3）在雨水较多的地区或排水不良的田块，异丙甲草胺等药提倡使用低量。

（4）大棚、小拱棚西瓜田由于温度偏高，药液容易挥发，要及时掀膜，适时通风，避免棚内温度过高引发药害，使用剂量要以确保安全为前提。

（5）地膜西瓜一般只限于对盖膜部分喷药，而不是全田施药。

2. 除草剂的使用 对于前期未能采取化学除草或化学除草失败的瓜田，应在田间杂草基本出苗且杂草处于幼苗期时及时施药防治。在气温较高、雨量较多地区，杂草幼嫩，可适当减少用药量；相反，在气候干旱、土壤较干地区，杂草幼苗老化耐药，要适当增加用药量。防治一年生禾本科杂草时，用药量可稍减低；而防治多年生禾本科杂草时，用药量应适当增加。

3. 除草剂的选用 拱棚、地膜栽培西瓜在栽培定植时进行土壤处理，一次用药就能控制整个西瓜生育期杂草的危害。生产上宜采用封闭性除草剂，一次施药保持整个生长季节没有杂草危害。可于移栽前1～3天喷施土壤封闭性除草剂，移栽时尽量不要翻动土层或尽量少翻动土层。西瓜移栽后的大田生育时期较长，同时，较大的瓜苗对封闭性除草剂具有一定的耐药性，可以适当加大剂量以保证除草效果，施药时按每亩40千克水量配成药液均匀喷施土表。药剂有33％二甲戊灵乳油、20％萘丙酰草胺乳油、50％乙草胺乳油、72％异丙甲草胺乳油、72％异丙草胺乳油。

对于墒情较差或砂土地，可以每亩用48％氟乐灵乳油150～200毫升或48％地乐胺乳油150～200毫升，施药后及时混土2～3厘米，因该药易挥发，混土不及时会降低药效。

对于一些老瓜田，特别是长期施用除草剂的瓜田，铁苋菜、马齿苋等阔叶杂草较多，可以使用以下除草剂进行防治：33％二甲戊灵乳油＋50％扑草净可湿性粉剂或24％乙氧氟草醚乳油、20％萘丙酰草胺乳油＋50％扑草净可湿性粉剂或24％乙氧氟草醚乳油、50％乙草胺乳油＋24％乙氧氟草醚乳油、72％异丙甲草胺乳油＋50％扑草净可湿性粉剂、72％异丙草胺乳油＋24％乙氧氟草醚乳油。按每亩40千克水量配成药液均匀喷施土表，注意不能随便改动配比，否则易发生药害。

直播瓜田，生产上宜采用封闭性除草剂，一次施药保持整个生长季节没有杂草危害。药剂有33％甲戊乐灵乳油、20％萘丙酰草胺乳油、72％异丙甲草胺乳油，每亩兑水45千克均匀喷施。需要注意，西瓜种子应催芽一致，并尽早播种，不宜催芽过长，播种深度以3～5厘米为宜，播种过浅易发生药害。播种后当天，或第二天及时施药，施药过晚易将药剂喷施到瓜幼芽上而发生药害。

防治一年生禾本科杂草，如稗、狗尾草、野燕麦、马唐、虎尾草、看麦娘、牛筋草等，应3～5叶期用药。目前瓜田防治禾本科杂草的除草剂有5％精喹禾灵乳油、10.5％高效氟吡甲禾灵乳油、10％喔草酯乳油、15％精吡氟禾草灵乳油、10％精噁唑禾草灵乳油、12.5％烯禾啶乳油、24％烯草酮乳油。

对于移栽瓜田施用除草剂时，移栽瓜苗不宜过小、过弱，否则会发生一定程度的药害，特别是低温高湿条件下药害加重。

（三）瓜田化学除草时期

露地西瓜田杂草的发生有两个高峰期。第一个高峰期是西瓜苗出土前后，此期出苗的杂草约占西瓜全生育期杂草出苗总数的60％；第二个高峰期在西瓜蔓长70厘米左右时，约占总出苗的30％。根据杂草发生规律，瓜田的化学除草有3个施药期。

1. 播前或移栽前化学除草期　在播种前或移栽前，用氟乐灵、二甲戊灵、地乐胺、敌草胺、杀草净等处理，如每亩用50％敌草胺可湿性粉剂200～300克或48％的氟乐灵乳油100～200毫升喷施后播种或移栽。

2. 播后苗前化学除草期　播后苗前用异丙草胺、扑草净、禾草丹、地乐胺、杀草净、草克死等按照说明书规定剂量对土壤进行封闭处理。

3. 瓜苗放蔓后化学除草期　瓜苗放蔓后浇第二水之前，杂草3～5叶期间用烯草酮、高效氟吡甲禾灵、精吡氟禾草灵、精喹禾灵、烯禾啶、禾草灵等按照规定剂量进行喷雾处理。

四、 生理障碍

随西瓜栽培面积的快速发展，由于重茬种植，温度、湿度、光照、空气和水分不适宜造成的生理性病害逐年增加。常见的生理性障碍有西瓜黄带瓜、畸形瓜、空心瓜、脐腐病、裂果、日灼病、紫瓢果等。

> **肥 害 与 药 害**
>
> 　　肥害有很多种，有脱水型和烧伤型肥害、毒害型肥害等，肥害往往使作物出现萎蔫，像霜打或开水烫的一样，轻者影响作物正常生长发育，重者造成整个植株死亡。主要症状有烧苗、枝叶徒长、倒伏、病虫害加重、萎蔫等特征。
>
> 　　药害症状是指喷施了某些农药导致作物出现病理反应，轻微药害有时树体能自行修复，但大多数的药害不可逆。药害会使植物出现生理变化异常、生长停滞、植株变异甚至死亡等一系列症状，如斑点、黄化、畸形、枯萎、生长停滞、不孕、脱落、劣果等。

（一）黄带瓜

1. 症状表现　将西瓜纵向切开，从底部的花痕到顶部的果梗着生处，出现白色或黄色带状的纤维，并继续发展成为黄色粗筋（图 8-15）。

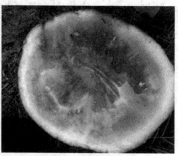

图 8-15　黄带瓜

2. 发生原因　黄带瓜产生与温度、水、肥等有关。

（1）果实生长后期遭遇低温。果实发育前期植株长势过旺，果实发育后期遇到连续低温天气或光照不良时，植株的正常生长受到影响，果实营养的吸收受阻，也易出现黄带果。

（2）肥水不当。施肥量过多，尤其是氮肥过多，植株长势过旺，会阻碍养分向果实输送，瓜瓤内的维管束和纤维不能随着果实正常成熟而消退，就可能形成黄带。

（3）钙硼缺乏。西瓜成熟后期纤维物质不能消退而形成黄带，钙硼缺乏是主要原因。在高温干旱条件下，土壤中的钙元素和硼元素不能被充分吸收利用，导致缺素。

（4）嫁接亲和性不好。嫁接西瓜栽培中，砧木抗逆性差或砧穗的亲和力不好，导致果实成熟过程中水肥运输不畅，果实得不到必需的营养物质而产生黄带果。

（5）品种原因。不同品种间差异明显，一般瓜瓤组织较致密，果肉较硬的品种，成熟时白色或黄色纤维不易消退。

3. 预防措施

（1）科学施肥。施足基肥，增施有机肥和适量钙、硼肥，保证钙硼等营养元素的正常供应。

（2）加强田间管理。地面覆盖秸秆或地膜，防止土壤干燥，促进根系对钙元素和硼元素的吸收；及时整枝，保护好功能叶，以保证果实生长期的营养需求。合理浇水施肥，防止出现粗蔓症及旺长。

（3）补充钙肥。土壤缺钙情况下，在西瓜果实生长发育期，每 7～10 天喷 1 次 0.1%～0.3% 的氯化钙水溶液补充钙质。

（二）裂果

1. 症状表现　西瓜从幼果期到成熟期均可发生裂果（图 8-16）。大多情况下从西瓜的花蒂处产生龟裂，可分为生长期裂果和采收期时裂果。生长期裂果是在静止的状态下果皮爆裂，采收期裂果是在受震时引起的裂果。

裂果

图 8-16　裂　果

2. 发生原因　裂果与品种、水分、植物生长调节剂等有较大关系。

（1）品种。一般果皮薄的易裂果，有籽西瓜比无籽西瓜易裂果，圆果形比椭圆形西瓜易裂果。

（2）水分剧烈变化。西瓜褪毛后没能及时浇水，使果皮过紧老化，若后期再浇大水时，常会发生裂果；果实膨大期，浇水不均衡，久旱后忽浇大水，极易出现裂果；西瓜定个后，仍大水猛浇或雨后不注意排水，也易出现裂果。

（3）植物生长调节剂应用不当。膨大素一般应在西瓜雌花开花的当天或花前1至3天喷在瓜胎上，而且应按推荐的用量施用。结瓜初期，植物生长调节剂如膨大素或座果灵蘸花，使用浓度过大，表皮老化，幼瓜膨大即形成裂口。

（4）设施条件温度剧烈变化。设施西瓜栽培时，果实发育初期温度低，发育缓慢，随后随温度升高，果实迅速膨大或植株长势过旺而引起裂果。

（5）其他原因。氮肥多、钾肥少、钙镁元素缺乏，瓜皮韧性差。

（6）采收运输中，果实遭受震动、碰撞、挤压等引起的裂果。

3. 预防措施

（1）选择耐裂品种。

（2）加强水分管理。采用地膜覆盖和避雨栽培；西瓜褪毛后及时浇水，第一水的水量不宜过大，在整个结果期要保持水分供应均衡，切不可久旱后大水猛浇；薄皮西瓜品种定个后控制浇水或不浇水，并注意雨后排水。

（3）合理施肥。重施有机肥，增施钾肥和黄腐酸类肥料来提高果皮韧性。

（4）慎用激素。用激素处理幼瓜前要进行小面积试验。

（5）及时采收。选择下午采瓜，避免因上午瓜皮脆、瓜内膨压大而造成裂瓜；运瓜过程中轻拿轻放，避免人为磕碰造成裂瓜。

（6）设施栽培加强温度管理。设施栽培下，注意防止夜间低温，适当通风换气，防止植株长势过旺。

（三）脐腐病

1. 症状表现　一般果实脐部最初呈水渍状，暗绿色或深灰色，随病情发展果实顶部凹陷，变为黑褐色，后期湿度大时，遇腐生霉菌寄生会出现黑色霉状物，果实其他部位未见异常（图8-17）。

2. 发生原因

（1）由于温度过高、氮肥过多、土壤酸化或土壤墒情忽干忽湿造成植株对钙的吸收受阻，使脐部细胞生理紊乱。

（2）天气长期干旱情况下，果实膨大期水分、养分供应失调，叶片与果实争

图 8-17　脐腐病

夺养分，导致果实脐部大量失水，生长发育受阻。

（3）植物生长调节剂施用不当，干扰了西瓜的正常发育，形成脐腐病。

3. 预防措施

（1）科学施肥。在沙性较强的土壤上，每茬都应多施腐熟鸡粪，若土壤出现酸化现象，施用一定量的石灰，避免一次性大量施用铵态氮肥和钾肥。

（2）均衡供水。土壤湿度不能剧烈变化，否则容易引起脐腐病，在多雨年份，平时要适当多浇水，以防下雨时土壤水分突然升高。雨后及时排水，防止田间长时间积水，并适时喷施新高脂膜 800 倍液防止气传性病菌侵入。

（3）适当补钙。进入结果期后，每 7～10 天喷 1 次 0.1%～0.3% 的氯化钙或硝酸钙水溶液，可避免发生脐腐病。

（四）日灼病

1. 症状表现　西瓜果实被强烈阳光照射后，出现白色圆形或近圆形小斑，经多日阳光晒烤后，果皮变薄，呈白色革质状，日灼斑不断扩大。日灼斑有时破裂，或因腐生病菌感染而长出黑色或粉色霉层，有时软化腐烂。

日灼

2. 发生原因　日灼果是强光直接照射果实所致，果实日灼斑多发生在朝西南方向的果实上。被阳光直射的部位表皮细胞温度增高，导致细胞死亡。有时果实日灼斑发生在果实其他部位，这往往是因雨后果实上有水珠，天气突然放晴，日光分外强烈，果实上水珠如同透镜一样，汇聚阳光，导致日灼，这种日灼斑一般较小。此外水肥不足，导致植株生长过弱，枝叶不能遮挡果实都会增加发病概率。

3. 预防措施

（1）合理密植。栽植密度不能过于稀疏，避免植株生长到高温季节仍不能封垄，使果实暴露在强烈的阳光之下。有条件可进行遮阳网覆盖栽培。

（2）间作。与高秆植物（如玉米）间作，利用高秆植物给西瓜遮光。

（3）加强肥水管理。施用过磷酸钙作底肥，防止土壤干旱，促进植株枝叶繁茂。

（4）覆盖果实。结瓜后，用草帘或草将西瓜果实盖住，可以预防日灼病的发生。

（五）空心果

1. 症状表现　生产中，西瓜的果实在尚未充分成熟之前，瓜瓤出现空洞或裂缝形成空心果（图 8-18）。空心果果皮厚，表面有纵沟，有的糖度偏高，有的食之如棉絮。

图 8-18　空心果

2. 发生原因　西瓜空心果的原因较多，坐瓜时温度偏低、光照不足、坐果节位偏低等均能引起西瓜空心。

（1）坐果节位偏低。第一雌花结的瓜，上部叶片数过多，基部叶片数过少，从而使光合产物给果实分配较少，心室容积不能充分增大，以后若遇高温，果实则迅速膨大，从而形成空心。

（2）坐果时温度偏低。西瓜开花坐果期适宜温度 25～30℃，最低日平均温度 20～21℃。西瓜果实在坐果后（幼果褪毛前）先进行细胞分裂，增加果实内的细胞数量，然后通过细胞膨大而使果实迅速膨大。如果坐果时温度偏低，细胞分裂的速度变慢，使果实内细胞达不到足够的数量，后期随着温度的升高，果皮迅速膨大，而果实内由于细胞数量不足，不能填满果实内的空间而形成空心。

（3）果实发育期阴雨寡照。果实发育期间阴雨天多，光照少，光合作用受到影响，营养物质供应严重不足，影响果实内的分裂和细胞体积的增大，而果皮发育需要相对较少的营养，在营养不足时仍发育较快，从而形成空心。此外，由于阴雨寡照、氮肥施用过多、雨水过多或浇水过大、整枝压蔓不及时等引起植株徒长、茎叶郁蔽，不但影响光合作用，而且茎叶生长会与果实争夺养分，使果实养分供应不足而形成空心。

（4）果实发育期缺水。西瓜果实的发育不但需要充足的养分，而且需要足够的水分（水分太多也不好），如果实膨大期严重缺水，果实内的细胞同样不能充分膨大而形成空心。

（5）过熟采收。西瓜在成熟之前，营养物质和水分是不断向果实运输的，成熟以后，如不及时采收，营养物质和水分就会从果实中流出，出现倒流现象，果实会由于失去水分和营养物质而形成空心。

（6）品种。一般正常来讲当地常种的品种不会呈现出大量空心现象，如果是新引进的种类，种植户在种植过程当中对其管理方法、特点不熟悉从而导致操作欠妥可能会呈现这样的情况。

（7）嫁接影响。一般嫁接西瓜比较容易发生皮厚和空心。

3. 预防措施

（1）选择品种。选择抗空心性好、坐果性佳、适宜当地栽培条件、品质优、产量高、抗病力强的品种。

（2）合理调整温度。低温条件下，采取保温措施，使西瓜在适宜的温度条件下坐果及膨大。棚室栽培的西瓜，坐果期保持白天 25～35℃、夜晚 18～20℃。光照不足，棚室温度达不到果实发育要求，需推迟留果，将坐瓜节位适当后移，采取高节位留瓜，避开不良环境因素影响。

（3）加强肥水管理。西瓜生长期应保持田间湿度稳定，避免土壤水分变化过大。没有坐瓜前，适当控制肥水，防止疯长；坐瓜后，控氮肥，增施磷、钾肥，并喷施磷酸二氢钾等营养液，满足瓜膨大期对养分的需求。

（4）合理植株调整。采用三蔓整枝法，即除留 1 条主蔓外，再选留两条子蔓，其余侧蔓全部摘除，同时疏除病瓜和畸形瓜。

（5）及时采收。根据瓜着生部位的卷须色泽，瓜柄上的毛须是否脱落，瓜果皮色以及敲击的声音来判断是否成熟，及时采收，特别是易发生空心果的品种应适当早收。

（六）畸形瓜

1. 症状表现　西瓜在果实发育过程中，遇到不良气候条件或栽培技术不当容易形成畸形瓜（图 8-19），常出现的畸形瓜有扁形瓜、尖嘴瓜、葫芦瓜、偏头瓜、宽肩厚皮瓜等各种形状。

畸形

2. 发生原因　虽然各类畸形果的形成原因略有差异，但是共同原因不外乎以下几个方面：花芽分化期或雌花发育期经受低温，形成畸形花，进而发育成畸形瓜；开花坐果期遇干旱，花粉萌发率降低，致使授粉受精不良；果实膨大期肥水供应不足或偏施氮肥，土壤中氮、磷、钾失衡导致果实生长不良；授粉不充足或人工辅助授粉技术不当；留瓜节位过高或过低，影响同化物质对果实的供应等。

图 8-19　畸形瓜

（1）授粉不良。授粉量不足或授粉不均匀时，瓜内的种子容易集中分布瓜的一侧。通常瓜内种子多的一侧，营养供应也较多，生长速度快，外部表现为膨大迅速；而种子少的一侧，则因营养供应不足膨大较慢，从而导致瓜的两侧膨大不均匀形成畸形瓜。

（2）瓜面温度分布不均。一般讲瓜的朝阳面温度较高，膨大也较快，而瓜的贴地面一侧，则因温度低膨大较慢，从而形成了上大、下小的畸形瓜。

（3）机械损伤。果实在膨大过程中，局部瓜面受到机械损伤时，受损伤的一面多生长缓慢，从而形成畸形歪瓜。

（4）营养不良。植株生长势弱、遭受病灾害或小秧结瓜时，会因瓜秧的有效面积小，果实的营养供应不足，而形成畸形瓜。

3. 预防措施

（1）提供适宜环境条件，保障花芽分化。苗期及开花、坐瓜期，结合当地气候特点，采取适当措施，满足温度需求，使西瓜正常花芽分化。

（2）人工辅助授粉。开花初期的晴天上午 9—10 时，选发育良好的雄花将花粉均匀涂抹在雌花的三瓣柱头上。授粉做到早、轻、匀、足，"早"即尽量在花开后2小时内完成；"轻"即授粉力度要轻，不要擦伤柱头；"匀"即使柱头各个部分都均匀布满花粉；"足"即保证授粉量充足，一般每朵雄花授1~3朵雌花。

（3）合理选取留瓜节位。西瓜第一雌花所结的果实，形多不正，一般选留距主根1米左右远处的主蔓上的第2、3朵雌花坐瓜，最高不超过第4朵。对已形成的畸形瓜，要及早摘除，以促使植株再次坐瓜。

（4）适时翻瓜，调整果实着地部位。在西瓜膨大中后期选晴天午后进行翻瓜，一手扶稳瓜体，双手配合，轻轻翻转。每次翻瓜都要沿着同一方向轻轻翻转，一次翻转角度不可太大，以转出原着地面即可。翻瓜间隔时间要灵活掌握，一般每隔2~3天翻一次。

（5）加强肥水供应和病虫防治，保护瓜秧。西瓜膨大期，冲施高钾型水溶肥，也可叶面肥喷施磷酸二氢钾补充营养。花期不灌大水，遇高温干旱应适当补充水分，增加土壤湿度和近地表的空气湿度；雨天套纸帽避雨授粉，避免柱头淋湿影响授粉效果。

（6）设施栽培做好温度调控。设施栽培条件下应尽量使西瓜保持在25℃的环境中，保持瓜蔓茎叶光照良好，防止植株营养生长过旺，采取促进坐瓜的措施，防止坐瓜节位过远。

（7）预防果实灼伤。用整枝时采下的茎蔓和杂草遮盖幼瓜、对保护幼瓜、防止畸形具有一定的作用。

（七）肉质变恶果

1. 症状表现 西瓜肉质变恶果又称为水托瓜、紫瓤瓜、高温发酵瓜等。瓜的外观与正常果一样，但拍打时发出敲木声，与成熟瓜、生瓜不同。剖开西瓜时，种子周围的果肉呈水渍状，紫红色，瓜瓤肉质不佳，严重时果肉变紫溃烂，同时产生一股酒味，失去食用价值。

果肉恶变

2. 发生原因 西瓜肉质变恶果是土壤水分骤变降低根系活力，高温使叶片功能受阻及引起果肉内产生乙烯，引起西瓜呼吸异常，加快了成熟进程，致瓜瓤肉质劣变。

（1）西瓜生产长期处在35℃以上的高温条件，空气相对湿度长期在85%以上。

（2）光照过强，特别是久旱后暴晴，或连续阴天后骤晴，使叶片、果实温度过高，破坏了细胞正常的生理功能。

（3）膨瓜期干旱缺水或浇水太多造成水涝等情况，使土壤墒情剧变。

（4）坐果后大量整枝或植株缺肥，植株衰弱。

3. 预防措施

（1）西瓜夏季栽培时，果实要用叶片或杂草覆盖，避免受阳光暴晒，减少肉质恶变发病概率。

（2）加强田间管理。合理施肥，防止植株早衰。遇高温干旱天气，要及时灌水。适当整枝，避免整枝过度，在干旱时若植株生长衰弱，不宜进行整枝。夏、秋设施栽培，根据实际情况调整通风力度，把棚温控制在 32℃ 以下，坐果后 15～25 天西瓜膨大并开始转色时棚温不低于 20℃；浇水后把棚顶膜缝隙全部扒开，连续 3 天内保持棚内无水汽；如遇高温，还应打开棚的两头及两侧下部，加速棚内空气流通，防止温度过高。

（3）适当翻瓜。翻瓜要逐渐翻转，切忌一次做 180°的翻转。

五、 病虫草害综合防治

西瓜病虫草害防治应遵循如下原则：预防为主、综合防治，治早、治小、治了；能用农业措施防治的，不用化学防治；能用生物农药的，不用化学农药；能用低毒农药的，不用高毒农药；循环交替用药，防止产生抗性；搞好预测预防，及时发现病虫害。

（一）选用抗病品种，并做好检疫

不同的西瓜品种对不同病害的抗性有明显差异，生产上根据当地主要发生病害，选择抗（耐）病品种，减轻损失。同时做好检疫性病虫害的检疫工作。

（二）栽培措施

1. 合理轮作　与非瓜类、茄果类作物如棉花、玉米、大豆等实行轮作，对多种西瓜病虫害尤其土传性病害具有显著的抑制作用。对于连作障碍，通过种植水稻等可明显减轻，同时也利于营养物质吸收。

2. 培育无病壮苗　种子用 55℃ 温水或 40％ 甲醛 150 倍液浸种等，杀灭种子表面携带病菌；育苗前苗床及四周用辣根素喷洒消毒后闷膜，减少初侵染病菌数量；采用多年未种过瓜类的营养土或专用育苗基质，提高秧苗抗性；加强育苗管理，提高育苗质量；采用嫁接育苗，提高植株抗病虫能力。

3. 加强温湿度管理，降低发病概率　健全水系，沟畦配套，排水畅通，降低田间湿度；采用无滴膜、地膜全覆盖、膜下灌水、高畦栽培等，降低棚室湿度；尽量满足各生长期温度要求，提高抗性，控制病虫害发生。

4. 多种措施齐下，使植株健壮生长 清洁田园，从源头控制；科学施肥，改善营养，提高植物抗病虫能力；深耕晒垡，降低病虫基数；起垄做畦，地膜覆盖，加强通风；病害发生后要及时清除病茎、病果等病残体，带出田外，集中销毁；合理整枝，防止生长过密，促进通风。

（三）物理措施

1. 灯光诱杀 利用害虫趋光性，用白炽灯、高压汞灯、黑光灯、频振式杀虫灯等进行诱杀，以降低田间落卵量，减少害虫虫口基数。

2. 色板、色膜诱杀 利用害虫特殊的光谱反应原理和光色生态规律，用色板或色膜驱避、诱杀害虫。如利用害虫等对黄色的趋性，在田间悬挂黄色捕虫板以诱杀蚜虫、白粉虱、斑潜蝇等。

3. 高温闷棚 夏季 7—8 月，温室大棚内通过覆盖塑膜，使土温保持 50℃左右一段时间，杀死土壤中害虫和病原微生物。

4. 使用防虫纱网 温室大棚栽培条件下，栽培前覆盖防虫纱网，并进行棚室内消毒。定植后，再喷施 1 遍杀虫剂，预防蚜虫、白粉虱等害虫发生。

（四）生物防治

如用阿维菌素防治害虫；用高效微生物农药"根腐消"（10 亿活芽孢/克的枯草芽孢杆菌和荧光假单胞杆菌）灌根可防治枯萎病；嘧啶核苷类抗生素、武夷菌素、多抗灵防治真菌性病害；农田链霉素防治细菌性病害；盐酸吗啉胍·铜、混合脂肪酸防治病毒病；释放捕食螨防治红蜘蛛等。

（五）化学防治

病虫害发生早期，使用高效、低毒、低残留农药，交替、连续用药。当 2 种以上病虫害混合发生时，在掌握浓度、不违反药剂混用禁忌的情况下进行药剂混配使用。

1. 育苗期 西瓜苗期常见病害主要有立枯病、猝倒病、疫病、炭疽病等。在选择抗病品种的基础上，要使用无菌土育苗。对重茬种植的一定要进行嫁接换根，同时选择杀菌剂对症治疗，保证瓜苗移栽之前不感病、不带病。低温季节，西瓜苗床容易出现蛴螬、金针虫和斑潜蝇等虫害，尤以蛴螬和斑潜蝇危害较重，应及时防治。

2. 移栽期 防治地下害虫、蚜虫及田间杂草是移栽期的主要任务，要根据不同病虫草害发生、发展情况，因地制宜，及时予以防治。移栽后，西瓜容易发生枯萎病，最有效的防治方法是嫁接和选用抗病品种，在此基础上可以用2.5％咯菌腈10毫升及25％噻虫嗪2克，兑水15千克，在移栽时穴施或灌根，可以有效预防枯萎病及蚜虫的早期危害。种植行（埂）地膜下杂草，用96％精异丙甲草胺均匀喷雾封闭土壤进行防治。

3. 伸蔓期　蚜虫、叶部病害、行间杂草是西瓜伸蔓期的防治重点。西瓜苗移栽成活后，及时喷施25％噻虫嗪7 500倍液或10％吡虫啉1 500倍液防治蚜虫，以减轻后期病毒病的发生。开花期可喷施25％嘧菌酯1 500倍液，提高瓜苗抗病能力，防止病害发生。棚栽西瓜或露地西瓜在阴雨天多的情况下，可以提早喷施75％百菌清600倍液或70％代森锰锌500倍液，预防病害发生。一旦发生病害，要迅速查清病因、病情，选择适宜的杀菌剂进行针对性治疗。西瓜压蔓前，行间进行中耕，除去已出土杂草后，喷施96％精异丙甲草胺1 000倍液进行土壤封闭。

4. 结果期　结果期是西瓜病虫草害发生的活跃期，枯萎病、炭疽病、蔓枯病、白粉病、蚜虫等病虫害常常混合发生，防治任务非常艰巨。

瓜结齐后，喷施25％嘧菌酯1 500倍液或25％噻虫嗪7 500倍液，能有效预防多种叶部病害及虫害；病害发生前，可均匀喷施75％百菌清600倍液，能有效预防多种真菌性病害；病害发生后，及时查清病情，对症治疗，白粉病和炭疽病可以用50％多菌灵500倍液、70％甲基硫菌灵1 000倍液防治，蔓枯病可用50％多菌灵500倍液、75％百菌清600倍液防治。当蚜虫点片发生时，用25％噻虫嗪7 500倍液等药剂喷雾防治。多次收获的瓜田，每收获一茬瓜后，喷施1次25％嘧菌酯1 500倍液与25％噻虫嗪7 500倍液的混合液防止病虫害发生，增强瓜蔓长势。

🤔思考与训练

1. 西瓜常见的真菌性病害有哪些？
2. 蔓枯病如何进行防控？
3. 西瓜常见的细菌性病害有哪些？
4. 细菌性角斑病如何防治？
5. 如何预防西瓜病毒病发生？
6. 西瓜生产上主要虫害有哪些？
7. 不同栽培条件下，瓜田如何除草？

参考文献

赵卫星，李晓慧，吴占清，2020. 西瓜、甜瓜提质增效生产吉顺图谱 [M] . 郑州：河南科学技术出版社 .

贾文海，李晶晶，2019. 西瓜生产百事通 [M] . 北京：化学工业出版社 .

赵廷昌，2014. 图说西瓜甜瓜病虫害防治关键技术 [M] . 北京：中国农业出版社 .

吕佩珂，苏慧兰，高振江，2017. 西瓜甜瓜病虫害诊断原色图鉴 [M] . 北京：化学工业出版社 .

贾文海，刘伟，乔淑芹，2020. 彩色图解西瓜高效种植技术 [M] . 北京：化学工业出版社 .

陈碧华，郭卫丽，豁泽春，2017. 西瓜实用栽培技术 [M] . 北京：中国科学技术出版社 .

邓德江，2007. 西瓜 甜瓜优质高效栽培新技术 [M] . 北京：中国农业出版社 .

贾兵国，刘海河，2015. 西瓜优质高效栽培关键技术问答 [M] . 北京：中国农业出版社 .

国家西甜瓜产业技术体系，2011. 全国西瓜主要优势产区生产现状（一）[J] . 中国蔬菜（13）：5-9.

国家西甜瓜产业技术体系，2011. 全国西瓜主要优势产区生产现状（二）[J] . 中国蔬菜（15）：5-8.

杨 念，文长存，吴敬学，2016. 世界西瓜产业发展现状与展望 [J] . 农业展望（1）：45-48.

赵 姜，周忠丽，吴敬学，2014. 世界西瓜产业生产及贸易格局分析 [J] . 世界农业（7）：100-106.

王 琛，吴敬学，杨艳涛，2015. 世界西瓜生产和贸易分析及对中国的启示 [J] . 农业展望（2）：71-76.

刘文革，2007. 我国无籽西瓜科研和生产的现状与展望 [J] . 中国瓜菜（6）：57-59.

李干琼，王志丹，2019. 我国西瓜产业发展现状及趋势分析 [J] . 中国瓜菜，32（12）：79-83.

杨 念，2016. 我国西瓜甜瓜生产及全要素生产率研究 [D] . 北京：中国农业科学院 .

孙小武，邓大成，莫小平，等，2010. 湖南西瓜产业发展报告 [J] . 长江蔬菜（学术版）（8）：115-119.

梁盛凯，2016. 中国西瓜主产区种植制度差异及其对经营收入的影响 [D] . 南宁：广西大学 .

何 楠，赵胜杰，路绪强，等，2020. 河南省西瓜产业现状、存在问题与发展建议 [J] . 中国瓜菜，33（3）：66-69.

徐小利，常高正，赵卫星，等，2010. 河南省无籽西瓜产业现状及发展对策 [J] . 长江蔬菜（学术版）（8）：111-112.

高运安，张仲凯，汤莹，等，2017. 北京市西瓜产业发展策略探析 [J]. 农业展望（5）：53-60.

张青科，2017. 菠菜、大蒜、西瓜、大白菜间作套种技术 [J]. 种业导刊（3）：26-27.

陈明远，齐长红，陈加和，等，2019. 北京地区甘蔗套种西瓜种植模式 [J]. 蔬菜（9）：50-51.

周海霞，2019. 春大棚西瓜套种早秋花椰菜高产栽培技术 [J]. 上海蔬菜（6）：38-39.

张瑞霞，2019. 大棚西瓜-鲜食朝天椒间作套种栽培技术 [J]. 中国瓜菜，32（8）：151-152.

李忠明，张雷，张卫东，2020. 日光温室草莓套种西瓜高效栽培技术 [J]. 中国农技推广，36（7）：41-43.

姚秋菊，董海英，王志勇，等，2018. 西瓜、甘薯套种高效栽培技术 [J]. 中国瓜菜，31（8）：58-59.

史明会，李念祖，邵明珠，等，2019. 幼龄柑橘套种春季西瓜-秋季马铃薯高效栽培模式 [J]. 中国瓜菜，32（12）：96-97.

徐亚兰，陈永俊，2019. 早春青花菜套种春西瓜-秋青花菜绿色高效种植模式 [J]. 中国蔬菜（7）：105-108.